2018—2019 年中国工业和信息化发展系列蓝皮书

2018—2019 年
中国无线电应用与管理蓝皮书

中国电子信息产业发展研究院　编著

刘文强　主　编

潘　文　彭　健　副主编

电子工业出版社
Publishing House of Electronics Industry
北京·BEIJING

内容简介

2018—2019年，我国无线电应用与管理领域热点不断涌现，卫星互联网技术研发和建设进一步加速，NB-IoT全国网基本部署完成，相关法律法规体系及管理工作取得新的进展。本书基于对我国无线电应用与管理领域比较全面的总结和分析研究编写而成，分为综合篇、专题篇、政策篇、热点篇、展望篇。综合篇以无线电技术、应用与管理为主要研究对象，介绍了全球无线电技术和应用的发展现状，详细阐述了我国无线电应用与管理的发展现状、主要问题和对策建议；专题篇从管理角度叙述和分析了当前无线电管理领域正在解决的主要问题；政策篇深入研究分析了我国无线电应用及管理的政策环境，对2018年出台的重点政策进行解析；热点篇以案例形式详述了我国无线电技术、应用和管理方面出现的热点事件，并对其进行简要评析；展望篇探讨了国内外无线电技术、应用和产业发展趋势，并对我国无线电管理工作进行展望。

本书力求为各级无线电应用和管理部门决策、学术机构研究和无线电相关产业发展提供参考和支撑。

图书在版编目（CIP）数据

2018—2019年中国无线电应用与管理蓝皮书 / 中国电子信息产业发展研究院编著；刘文强主编. —北京：电子工业出版社，2019.12

（2018—2019年中国工业和信息化发展系列蓝皮书）

ISBN 978-7-121-37635-1

I. ①2… II. ①中… ②刘… III. ①无线电通信－白皮书－中国－2018-2019 IV. ①TN92

中国版本图书馆CIP数据核字（2019）第220776号

责任编辑：秦　聪
印　　刷：天津画中画印刷有限公司
装　　订：天津画中画印刷有限公司
出版发行：电子工业出版社
　　　　　北京市海淀区万寿路173信箱　邮编 100036
开　　本：720×1 000　1/16　印张：6.25　字数：120千字　彩插：1
版　　次：2019年12月第1版
印　　次：2019年12月第1次印刷
定　　价：78.00元

前　言

2018 年，我国无线电应用与管理领域热点不断涌现，在多个方面取得新突破。我国 5G 商用步伐进一步加快，三大运营商获得 5G 试验频段，5G 试点已在全国 30 多个城市开始部署。2019 年 6 月 6 日，工业和信息化部正式向中国移动、中国电信、中国联通、中国广播电视网络有限公司颁发 5G 商用牌照，标志着我国正式进入 5G 商用元年。我国卫星互联网技术研发和建设进一步加速，北斗导航、智能驾驶、物联网等新兴产业保持高速增长态势，传感器产业智能化、微型化趋势愈加明显。我国低功耗广域网产业发展日趋成熟，NB-IoT 全国网基本部署完成。与此同时，我国无线电管理适应新的形势，持续丰富无线电管理法律法规体系，积极创新管理方式，各项工作取得新的进展。

基于对我国无线电应用与管理领域比较全面的总结和分析研究，中国电子信息产业发展研究院无线电管理研究所编著了《2018—2019 年中国无线电应用与管理蓝皮书》，以无线电技术、应用与管理为主要研究对象，介绍了全球无线电技术和应用的发展现状，详细阐述了我国无线电应用与管理的发展现状、主要问题和对策建议；以专题的形式从管理角度叙述和分析了当前无线电管理领域正在解决的主要问题；深入研究分析了我国无线电应用及管理的政策环境，对 2018 年出台的重点政策进行解析；以案例形式详述了我国无线电技术、应用和管理方面出现的热点事件，并对其进行简要评析；探讨了国内外无线电技术、应用和产业发展趋势，并对我国无线电管理工作进行展望。相信本书对我们了解和把握无线电技术和应用发展态势、研判产业发展趋势、促进无线电管理思路和模式及方法的创新具有重要意义和参考价值。

　　希望本书的研究成果能为无线电主管部门决策、学术机构研究和无线电相关产业发展提供参考和支撑，为促进各项无线电管理工作的开展和无线电相关产业的发展贡献一份力量。由于我们的能力、水平和某些客观条件所限，书中难免存在一些不足之处，恳请读者批评指正。

目　录

┃综 合 篇┃

｜专 题 篇｜

|政 策 篇|

┃热 点 篇┃

┃展 望 篇┃

第一篇

综 合 篇

第一章

2018 年全球无线电领域发展概况

第一节 全球无线电技术及应用发展概况

一、全球 5G 商用步伐进一步加快

2018 年，首个完整的 3GPP R15 标准冻结，为业界在 5G 网络部署、5G 相关产品研发等方面给出了明确规范，加速了 5G 商用化的进程。12 月 1 日，韩国三大运营商在韩国部分地区同步推出 5G 服务，更是让全球产业界看到了 5G 商用的曙光。

（1）5G 标准化工作取得重大进展。

2018 年 6 月，国际标准化组织 3GPP 批准了第五代移动通信技术标准（5G NR）独立组网功能冻结。加上于 2017 年年底完成的非独立组网 NR 标准，5G 已经完成第一阶段全功能标准化工作（5G R15）。这意味着 5G 整个网络的部署标准已趋向完善，将指引产业界加速同步发展。5G R15 标准主要支持 5G 三大场景中的增强型移动宽带（eMBB）和超可靠低时延（uRLLC）两大场景，能够真正面向商用化的需求，并且 R15 版本将与 5G 最终版本 R16 标准协同共存，共同推动 5G 成为改变社会的下一代核心网络基础设施。

（2）全球 5G 网络建设即将进入加速期。

预计全球共有 192 家运营商计划在 81 个国家／地区投资 5G 网络，包括演示、实验室试验和外场试验。从国别来看，中国、韩国、日本和美国在 5G 部署上处于全球领先位置。2018 年 12 月 1 日，韩国成为全球首个规模商用 5G 网

络的国家；中国的 5G 部署进展顺利，2019 年 6 月 6 日，工业和信息化部正式发布 5G 牌照，中国移动、中国电信、中国联通和中国广播电视网络有限公司均获牌，这意味着我国正式进入 5G 商用元年；日本 NTT DoCoMo 等三大电信运营商于 2018 年 10 月宣布，将 5G 商用计划提前至 2019 年。此外，欧洲国家对 5G 也十分重视，英国、法国、德国等都计划尽早开通 5G 服务。总体来看，5G 即将进入大规模建设的加速期。

（3）5G 产业链各环节加快成熟。

我国正在开展 5G 的第三阶段试验，该阶段的重点是面向 5G 商用前的产品研发、验证和产业协同，开展设备单站、组网、互操作，以及系统、芯片、仪表等产业链上下游的互联互通测试，全面推进产业链主要环节基本达到预商用水平。目前，5G 网络设备、终端设备技术快速成熟：高通、三星、华为等均推出 5G 基带芯片；华为、中兴、爱立信等 5G 设备商"端到端"演示均已完成；华为、联想、OPPO、三星等国内外知名手机厂商都明确推出 5G 手机。5G 产业链各环节均顺利推进，硬件体系逐步成熟。

二、全球卫星互联网发展进入新阶段[①]

卫星互联网具有覆盖范围广、部署简便、传输速率高等优点，能够与现有地面通信系统形成天地一体化互补融合的信息网络，是解决网络覆盖"最后一公里"和弥补偏远地区"数字鸿沟"的一大利器，也是"未来战场"制天、制网、制电磁"三权"争夺中把握主动权的重要手段。发达国家和地区都在加快部署卫星互联网技术的研发，力图抢占资源，掌控未来国与国竞争的战略制高点。

（1）各国纷纷将卫星互联网建设上升为国家战略。

美国政府提出了加快陆地移动通信与卫星通信无缝衔接，推动"空天地一体化"通信网络建设的构想，并于 2016 年宣布投资 5000 万美元的创新基金用于推动小卫星发展。澳大利亚于 2016 年 12 月发布"超高速宽带基础设施"立法草案，明确提出要为卫星宽带网络提供长期资金支持。英国于 2017 年年初发布《卫星和空间科学领域空间频谱战略报告》，计划进一步放宽非同步轨道卫星的频谱使用。俄罗斯、新西兰、智利等国陆续发布向国内偏远地区、远离陆地的岛屿提供卫星互联网覆盖的计划。

---

① 赛迪智库无线电管理研究所：《中国卫星通信产业发展白皮书》，《通信产业报》，2019 年。

（2）卫星互联网投入成本随着技术进步明显下降。

小卫星通常指重量在 500kg 以下的卫星。与大卫星相比，小卫星明显具有成本低、研发期短、风险小、发射快、延时低、技术新等优点。近几年，小卫星在技术和商业模式创新的双重推动下，呈现快速发展趋势，面向大众的消费级应用市场逐渐成为新的增长方式。据测算，到 2021 年全球纳米卫星市场将达63.5 亿美元。OneWeb、SpaceX、Facebook、波音等商业巨头的卫星互联网计划都是以小卫星为载体的，选择距离地球数百千米至 2000 千米以内的低轨道实施。

（3）频率和轨道资源的国际争夺战愈演愈烈。

在美、俄等航空航天强国的推动下，国际规则中卫星频率和轨道资源的主要分配形式为"先申报就可优先使用"的抢占方式，日益增长的需求使得卫星频率轨道资源争夺白热化。在轨道资源方面，地球同步轨道有效轨位资源非常紧张，于是各国纷纷将目标瞄准低轨道，预计低轨道内卫星数量会快速增长；在频率资源方面，C 频段和 Ku 频段资源紧张，通信卫星向高频段发展的趋势明显，目前 Ka 频段是国际上大多数高通量卫星的首选，而 Q/V 频段中同样有商业巨头提前布局。

（4）现阶段卫星互联网建设及运营模式更加合理。

卫星互联网发展了近 30 年，主要经历了 3 个阶段。从 2014 年开始，卫星互联网进入第三阶段，该阶段以星链（Starlink）、OneWeb 等计划为代表，定位于与地面通信形成互补融合的无缝通信网络。现阶段卫星互联网与地面通信系统二者之间更多的是互补与合作，发展空间巨大。从人群来看，世界上尚有超过一半的人口无法使用互联网，潜在用户众多；从万物互联来看，地面上偏远山区、大漠戈壁等部分区域如今依旧是通信盲区，卫星互联网低成本、广覆盖优势巨大；从应用场景来看，随着太空旅行等人类探索太空步伐加快，星际间通信需求不可或缺，卫星互联网有能力提供解决方案。

三、全球汽车传感器产业呈现新的发展趋势

（1）传感器市场需求空间进一步加大。

智能驾驶的发展将大幅提升对传感器的需求量。传感器在智能汽车领域起着重要作用，担任驾驶智能汽车的感知系统，比如 ADAS（高级驾驶员辅助系统）的感知层中需要用到大量的摄像头、超声波雷达、毫米波雷达、激光雷达、夜视仪等传感器。随着 ADAS 逐渐成熟，汽车传感器的需求量将大幅攀升。尽管传感器仅仅是智能汽车的一部分，但是市场前景十分广阔，为了满足汽车数据收集量持续增长的需求，汽车行业及各个门类产业自动化生产线所装

载的传感器数量剧增。随着汽车电子化、智能化和网联化的发展，传感器在汽车上的应用越来越广泛，2000 年时在一辆汽车上装配的传感器只有 10 个左右，到今天一辆中高端汽车上的传感器已经增长到 100 多个，未来随着智能网联的进一步深化，汽车配备的各类传感器仍将有 4 倍的增长空间。据权威部门预测：车载传感器市场将从 2016 年的 82 亿美元的规模递增至 2025 年的 290 亿美元，增加近 3.5 倍，年复合增长率（CAGR）达到 15%。

（2）传感器智能化、微型化趋势愈加明显。

所谓智能化，是指传感器在基本的功能之外，具有自动调零、自校准、自标定功能，同时具备逻辑判断和信息处理能力，能对被测量信号进行信号调理或处理。另外，智能传感器的精度、量程覆盖范围、信噪比、智能水平、远程可维护性、准确度、稳定性、可靠性和互换性都远高于一般的传感器，非常适合智能网联汽车的需求。而对于传感器微型化，主要是基于半导体集成电路技术发展的 MEMS 技术，利用微机械加工技术将微米级的敏感组件、信号处理器、数据处理装置封装在一块芯片上，具有体积小、成本低、便于集成等明显优势，并可以提高系统测试精度。现在的汽车领域已经开始用基于 MEMS 技术的传感器来取代已有的产品。随着微电子加工技术特别是纳米加工技术的进一步发展，传感器技术还将从微型传感器进化到纳米传感器，更加适合智能网联汽车的发展。

（3）自动驾驶安全性保障需要多传感器的融合应用。

一方面，目前各种传感器技术各有优劣势，尚不存在某单一传感器满足所有工况需求的方案。例如，摄像头的硬件技术已相对成熟，但所需的算法识别准确率仍待提高；激光雷达的点云算法较易实现，但硬件成本高、环境适应性差。各传感器优劣势不一，采用多传感器协同工作，可达到优势互补。另一方面，自动驾驶对行驶安全的高要求决定了感知方案必须满足安全冗余需求。自动驾驶汽车要安全运作，必须保证多传感器协同工作和信息冗余。业内一般认为，毫米波雷达、激光雷达及摄像头等传感器多路融合是发展实现自动驾驶的重要路径。

第二节　全球无线电管理发展概况

一、美国政府加大对频谱资源储备和高效利用的重视力度

（1）推动制定美国国家频谱战略。

2018 年 10 月签署的"关于制定美国未来可持续频谱战略"的总统备忘录

（以下简称备忘录），要求美国商务部制定一项长期的全面性国家频谱战略，具体开展以下主要工作：一是各行政部门和机构审查其当前的频率指配和频谱使用量化情况；二是评估有关新兴技术及其对非联邦频谱需求的预期影响，研究促进频谱接入、频谱效率和发展优先事项的相关建议；三是提交当下、短期及中期频谱计划和工作报告；四是提交长期国家频谱战略，包括立法、监管或其他政策建议，例如频谱共享、技术研发等有关内容。

（2）组建频谱战略工作组。

备忘录明确规定了频谱战略工作组的机构设置，即由首席技术官和国家经济委员会主任或其指定人员共同主持，组成成员机构包括美国行政管理和预算局（OMB）、美国白宫科技政策办公室（OSTP）、国家安全委员会、国家空间委员会和经济顾问委员会的代表等；明确了频谱战略工作组的工作机制，频谱战略工作组一方面需要与商务部秘书及美国国家电信和信息管理局（NTIA）合作，共同协调备忘录的实施，另一方面，在执行协调职能时，频谱战略工作组应与美国联邦通信委员会（FCC）保持协商。

（3）将频谱管理列为优先考虑的研发重点领域。

行政部门与机构领导备忘录——《2020 财年政府研发预算重点》强调了美国政府的研发重点领域，为联邦各机构制定 2020 财年预算提供指导。《2020 财年政府研发预算重点》认为先进通信网络，包括 5G 无线网络等，对于万物互联的社会至关重要，并将其列为研发重点领域，要求各机构支持这些网络的开发和部署，其中明确指出要优先考虑频谱管理等方面的研发。

二、全球范围内加速推进 5G 频谱拍卖

（1）德国。

2018 年 12 月，德国电信监管机构 Bundesnetzagentur 完成了 2019 年 5G 频谱拍卖条款和拍卖规则的审批，同时尽快启动 5G 频谱拍卖的竞拍资格审查。Bundesnetzagentur 机构主席 Jochen Homann 公开表示，整个社会数字化转型的迫切需求是影响德国 5G 频谱拍卖进程加快的重要因素，通过加快规划和加大投资，将助力德国部署基于需求的 5G 网络。目前拍卖活动已经完成。

（2）美国。

2018 年 11 月，美国联邦通信委员会（FCC）首次启动 5G 频谱拍卖，这意味着 5G 牌照在美国陆续发放。其中，28GHz 频段是首个进行拍卖的频段，24GHz 频段拍卖紧随其后。按照 FCC 的计划，37GHz、39GHz 和 47GHz 这三个频段在 2019 年进行拍卖。FCC 主席公开表示，15 个月内推向市场的 5G 频谱

资源将超过目前美国运营商在用的移动宽带频谱资源总量。

（3）意大利。

意大利 5G 频谱拍卖在 2018 年 10 月正式结束，交易额高达 65.5 亿欧元，即 75.6 亿美元，高出拍卖设定的底价 40 亿欧元。在为期两个星期的竞拍中，运营商 Telecom Italia、Wind Tre、Vodafone Italia、Fastweb 和 Iliad 均获得 694-790MHz、26.5-27.5GHz 和 3.6-3.8GHz 三个频段的频谱资源，并且以上 5G 牌照的有效期均为 19 年。

（4）芬兰。

芬兰通信管理局于 2018 年 10 月完成 3410-3800MHz 频段的频谱拍卖工作。其中，运营商 Telia Finland 以 3026 万欧元的价格获得 3410-3540MHz 的频谱资源；Elisa 则出价 2635 万欧元拍得 3540-3670MHz 的频谱资源；DNA 以 2100 万欧元的价格购得 3670-3800MHz 的频谱资源。根据监管机构要求，上述频段的牌照于 2019 年 1 月 1 日起正式生效，使用期限为 15 年。

（5）比利时。

2018 年 8 月，比利时电信监管机构（BIPT）公开发布了关于 5G 频谱拍卖的拟议法案。该法案提出，Proximus、Orange Belgium 和 Telenet's BASE 三大现有运营商需要为新进入比利时市场的运营商提供国内漫游服务。根据计划，700MHz、1400MHz 和 3600MHz 三个频段牌照于 2019 年底进行拍卖，有效期均为 20 年。

（6）印度。

2018 年 8 月，印度电信监管机构 Trai 发布了包括 5G 频谱在内的多个频段拍卖的建议书。Trai 提议分配 700MHz、800MHz、900MHz、1800MHz、2100MHz、2500MHz、3400-3600MHz 等 9 个频段内所有可用的频谱。为避免出现底价过高导致流拍的不佳后果，Trai 建议此次拍卖底价设定为 9.566 亿美元，相比 2016 年的最低价降幅为 43%。此外，为避免频谱资源被个别运营商垄断，Trai 规定每个竞标者最大可购买的频谱量为 100MHz，并且当前各运营商在各频段 35%的频谱拥有上限依然有效。

（7）西班牙。

2018 年 7 月，西班牙完成首次 5G 频谱拍卖。本次拍卖主要涉及 3.6-3.8GHz 频段共计 200MHz 频谱，最终拍卖价达到 4.377 亿欧元，比拍卖底价的 4 倍还要多。西班牙电信、沃达丰、Orange 和 Masmovil 四家西班牙主流运营商都参与了此次竞拍。在具体拍卖中，监管机构将涉及的 200MHz 频谱划分成 40 个 5MHz 带宽的频谱区块，每个区块的拍卖底价设定为 250 万欧元，频谱使用期限为 20 年。

（8）韩国。

2018 年 6 月，韩国完成 3.5GHz 和 28GHz 频段的 5G 频谱拍卖。此次拍卖将 280MHz 带宽的 3.5GHz 频谱和 2400MHz 带宽的 28GHz 频谱分别分成 28 块和 24 块，三大电信公司 SK Telecom、KT 和 LG Uplus 均获得各 10 块频谱区块。此次竞拍总价高达 3.6183 兆韩元。

（9）澳大利亚。

2018 年 5 月，澳大利亚通信和媒体局（ACMA）对外公布了 3.6GHz 频段 5G 频谱拍卖的具体细节，同时启动了咨询程序。其中，ACMA 主要就 3.6GHz 频段的频谱牌照的发放细节、拍卖规则和技术框架等问题向公众征询意见，并提出 3.6GHz 拍卖或需对频段现有用户做一些变动。

（10）英国。

2018 年 4 月，英国 5G 频谱拍卖第一阶段结束。O2 UK 获得了 3.5GHz 频段的 3500-3540MHz 频谱资源，且作为 2.4GHz 频段的唯一中标者，获得 2350-2390MHz 频谱资源。Three UK 额外支付了 1313 万英镑，获得 3460-3480MHz 频谱资源。BT 子公司 EE 获得 3540-3580MHz 频谱资源，Vodafone 则获得 3410-3460MHz 频谱资源。

第二章

2018 年中国无线电领域发展概况

第一节　中国无线电技术及应用发展概况

一、低功耗广域网（LPWAN）发展持续加速①

（一）NB-IoT / eMTC

我国 NB-IoT 在技术研发、标准制定及实验推广方面一直处于国际第一梯队，当前已经拥有了较大规模，形成了"底层芯片—模组—终端—运营商—应用"的完整产业链，产业生态日益丰富。特别是在设备制造、网络和应用服务方面处于国际先进水平。

1. 发展概况

（1）NB-IoT 芯片加速研发并带动产业链其他环节蓬勃发展。

在技术主导权方面，中国是最早开始研究 NB-IoT 的国家之一，华为是 NB-IoT 标准的主导者之一。在设备制造方面，几乎所有主流的芯片和模组厂商都明确支持 NB-IoT。华为作为目前 NB-IoT 芯片领域最主要的推动者之一，

---

① 赛迪智库无线电管理研究所：《中国低功耗广域网络（LPWAN）发展及展望》，《通信产业报》，2017 年。

已开始大规模供应 NB-IoT 芯片，推出包括终端、基站和管理平台的 NB-IoT 整体解决方案；中兴微电子、锐迪科等 NB-IoT 芯片量产进展顺利，带动了产业链其他环节的发展。国内厂商紧跟芯片节奏推出模组产品，芯讯通、广和通、中兴物联、移远通信、有方科技等属于市场主要参与者，都已经发布了最新的 NB-IoT 无线通信模块产品。除传统无线模组厂商外，中移物联网、中兴通讯、联想、新华三等其他领域厂商也都积极介入 NB-IoT 模组市场。

（2）NB-IoT 应用领域和市场开拓更加趋于成熟。

中国是目前 NB-IoT 应用创新最活跃的市场，2018 年形成了一批更为成熟的国内应用，如智能停车、智能抄表、智能路灯、智能垃圾箱、智能井盖、智能物流追踪、可穿戴应用等。同时，积极推广经验、助力 NB-IoT 应用的规模部署已经从中国走向亚洲并向全球辐射。例如，在华为主导的 NB-IoT GLocal（Global+Local）生态计划推动下，2018 年泰国、日本成立 NB-IoT 物联网联盟，孵化本地生态，加速行业应用落地。2018 年 11 月中旬，基于 NB-IoT 的摩托车监控系统在泰国正式上线商用。

（3）国内 eMTC 产业链加速成熟。

根据产业机构调研，2018 年我国 eMTC 基本具备规模商用条件，eMTC 产业链在加速完善过程中。2018 年 6 月，紫光展锐推出国内第一款 CAT1/eMTC/NB-IoT/GSM 四模物联网通信芯片。不同行业的终端厂商已经陆续推出搭载集成 MDM9206 的模块、支持 eMTC 的终端设备，其中包括追踪仪、语音网关、移动 POS 机及物流监控设备等。在运营商层面，中国联通、中国电信正在推进 eMTC 新技术试验及试商用工作，推进与终端模组等的 IoT 互通工作。中国移动发布 NB-IoT/eMTC/GSM 三模通信模组 A9500。伴随 NB-IoT 的产业加速，eMTC 在产业链具备商用能力之后，将进一步催化落地实施。

2. 网络部署情况

（1）运营商加快部署 NB-IoT 网络，"大"连接已具规模。

当前三大运营商物联网发展已步入正轨，初步建设了全球覆盖范围最广的 NB-IoT 网络，智能连接的数量超过 3 亿个。中国移动、中国电信和中国联通各自部署了覆盖全国的商用网络，中国电信率先完成基于 800MHz 的 NB-IoT 网络部署，全网 31 万基站实现同步升级，建成了全球规模最大、覆盖最广的 NB-IoT 商用网络。中国联通开通了 30 万个 NB-IoT 基站，在全国 11 个省（自治区、直辖市）进行试商用；2018 年第一季度，全国核心网专网建成，具备全网统一接入能力；截至 2018 年 5 月 17 日，中国联通已实现物联网全国覆盖。中国移动一期 NB-IoT 建设覆盖 346 个城市,在 11 个省(自治区、直辖市)宣布商用,三张 NB-IoT 全国网基本部署完成。

(2)eMTC 成为运营商布局新热点。

中国联通于 2017 年在北京、广州、深圳、长沙 4 个城市开启 eMTC 的外场试点测试,2018 年逐步推进主要城市及全国商用进程。2018 年 5 月 29 日,中国电信鹰潭 eMTC 网络全域覆盖发布暨应用上线启动会举行,标志着鹰潭市成为全国首个全域开通全系列物联网的标杆城市。江西省作为中国电信首批 eMTC 外场测试省份,当前已在全省建成站点 1.3 万个,鹰潭市的所有站点已全域开通。中国移动同步推进两个领域协同发展,提出 eMTC 商用进程会慢于 NB-IoT 半年左右。2018 年 5 月,中国移动 eMTC 应用孵化及战略合作签约发布会在鹰潭市举行,鹰潭移动率先在全国完成 eMTC 网络建设,建设基站 403 个,实现了 eMTC 网络及 NB-IoT 网络建设双全域覆盖。

3. 业务应用情况

(1)智能停车。

华为与上海联通正式公布 NB-IoT 智能停车解决方案。双方在上海国际旅游度假区进行了全球首个基于 NB-IoT 技术的区域覆盖:在停车场进行了 300 多个智能车检器的布控,并提供了基于手机终端的一体化服务。此后,上海市闵行区浦驰路公用路面停车系统也采用了基于 NB-IoT 通信模块的车检器,同样提供包括终端、基站、管理平台、业务应用在内的"端到端"服务,每位路面交通管理员有效管理车位数量从 15 个提升到 30~50 个,未来该系统与当地征信系统连通后,有效管理车位数量可达百余辆。

(2)智慧抄表。

深圳水务集团与华为等公司共同发布全球首个 NB-IoT 物联网智慧水务商用项目,成为智慧城市应用的成功案例之一。该项目采用基于 NB-IoT 技术标准的智慧水表为水务部门提供高精度、广覆盖的监测水务数据,通过网络将水表信息及数据与深圳水务集团水务管理平台进行互接连通,实现高效的水务统筹与调度。当前,该项目已经在福田、盐田等地域内的很多小区进行了 NB-IoT 智慧水表布控,数量超过 1200 只,后期逐渐由深圳向全国扩展。

(3)智能环境监测。

中兴、浙江移动在乌镇开展"智能水监测"试点。"智能水检测"的"五水共治项目"终端中布控了多种水监测传感器、NB-IoT 芯片和通信模块,对水质变化参数进行实时采集,并通过网络传输至云平台控制中心。处理中心对信息进行挖掘处理，可以形象地获取水域水质、水位、温度、流量等信息，对紧急情况进行预警和及时处理，提升城市水环境管理的工作效率，成为智慧城市建设的重要内容之一。

（4）全球首款 NB-IoT 海尔智能门锁。

2017 年海尔正式公布全球首款搭载 NB-IoT 技术的海尔智能门锁——云锁上市，为打造 NB-IoT 在智能家居领域的创新应用体验和新生态提供了很好的范例。NB-IoT 海尔智能门锁能实现稳定的"永在线"服务，操作简单，稳定性强。与此同时，海尔将以此为切入点，带动一系列智能家居采用 NB-IoT 技术，衍生一系列新型增值服务，助推海尔智慧安防生态产业落地。

（5）中国移动鹰潭智慧城市 NB-IoT 示范应用。

鹰潭市是全球首个具有三张全域覆盖 NB-IoT 网络的城市。目前，鹰潭市成功孵化出 NB-IoT 产品 30 余种，在实际场景试点应用的领域 15 个，终端连接数近 2000 个。

（二）LoRa

低功耗广域网络启动的初期，往往以产业联盟的形式化零为整，加速产业链的完善和成熟。国内由于政策、历史原因的因素，LoRa 网络无法由运营商进行部署，不过不少行业级、企业级的物联网项目采用 LoRa 连接方案展开，其商用和市场验证快于 NB-IoT，形成大量落地应用示范。

LoRa 技术目前在多个市场中都有成功的应用案例。从垂直行业应用来看，目前国内已有大量基于 LoRa 的智慧园区、工业、农林水利、能源、智慧城市等各个领域解决方案，不少方案已具备落地和规模化复制的基础，这些方案为 LoRa 在国内规模化普及奠定了基础。

（1）智慧城区：上海市六个区的智能化方案。

在上海东方明珠项目中，采用 LoRaWAN 技术承接了上海市六个区的智能化方案落地和运营，对城市消防、小区安全及城市孤寡老人进行全面感知，并通过事件联动相关部门加快处置流程，帮助城市政府提高工作效率，也帮助市民得到更加优质的服务。

（2）智慧物流和园区。

2018 年 3 月，阿里巴巴宣布全面进军物联网赛道，并在"云管边端"等具体领域展开布局。阿里云结合自身优势推出 LinkWan 平台，搭建了一个 LoRa 网络核心网和运营支撑平台，提供基站与节点等设备接入，且有基站与终端的管理界面，用户可自主搭建 LPWAN 网络、自由搭配 LPWAN 终端产品和应用，形成完整解决方案。菜鸟物流园、阿里园区、无锡鸿山物联网小镇等都部署了 LoRa 节点，已经在其菜鸟物流业务中开展测试，该测试预计将达到 100 万个 LoRa 连接。目前，阿里巴巴已计划将 LoRa 业务范围拓宽至园区管理、智能水表、智能电表、智能井盖、货物监控等领域。而此前研究 NB-IoT 业务的单车、家电企业也陆续同步推出支持 LoRa 的业务、产品。

（3）智慧农业。

深圳市某农业公司大棚蔬菜基地的智能大棚，建成农业传感设备自动监测环境：利用传感器采集土壤湿度、大棚温度、养分含量、pH 值、二氧化碳、空气温湿度、气压、光照强度等环境数据，基于 LoRa 传输协议将数据上传至云平台，平台根据环境数据实时调控温控系统、灌溉系统等；高清晰摄像云监控平台——采用高清晰摄像头监控大棚内蔬菜生长实景，实时了解大棚内的蔬菜、人员情况；大棚设备自动化控制——传感器、控制系统与云平台实现一体化联动，实现远程自动化管理；智能大棚农业监测云平台——通过云平台可以实时查看大棚内的环境数据、监控视频、传感器状态、设备远程控制、人员管理等，工作人员登录手机 App 也可以远程随时随地查看育秧大棚的各项关键数据。

（4）智慧城市垃圾分类。

智慧城市垃圾箱项目现已在厦门市成功落地，覆盖当地将近 100 多个小区。智能垃圾箱与传统垃圾箱不同的是，它利用智能操作平台和物联网技术，对垃圾箱进行系统化、智能化的管理，将分布于城市各处的垃圾箱连接成有机整体，使环卫工作人员全面掌握城市内垃圾储存情况和清运需求，有效提高城市环卫工作效率。

二、5G 规模化部署条件日趋成熟

（1）5G 频谱资源保障国内 5G 尽快商用。

一方面，相关部门降低 5G 系统频率占用费，为 5G 网络前期建设降低成本。2018 年 4 月，国家发展改革委、财政部下发了降低部分无线电频率占用费标准的通知文件，规定 5G 公众移动通信系统频率占用费标准实行"头三年减免，后三年逐步到位"的优惠政策，即自 5G 频率使用许可证发放之日起，第一年至第三年（按照财务年度计算）免收频率占用费，第四年至第六年分别按照国家收费标准的 25%、50%、75%收取频率占用费，第七年及以后按照国家收费标准收取；降低了 3000MHz 以上公众移动通信系统的频率占用费标准。其中，在全国范围内用于 5G 的频段，即 3000-4000MHz 频段由 800 万元／兆赫／

年降为 500 万元／兆赫／年，4000-6000MHz 频段由 800 万元／兆赫／年降为 300 万元／兆赫/年，6000MHz 以上频段由 800 万元／兆赫／年降为 50 万元／兆赫／年。

另一方面，国家无线电管理机构已发放 5G 系统中低频段试验频率使用许可，提振产业链的信心。2018 年 12 月 10 日，工业和信息化部向中国电信、中国移动、中国联通发放了 5G 系统中低频段试验频率使用许可。其中，中国电信和中国联通获得 3500MHz 频段试验频率使用许可，中国移动获得 2600MHz 和 4900MHz 频段试验频率使用许可。这一使用许可的发放，有力地保障了三大运营商开展 5G 系统试验所必须使用的频谱资源，将进一步引导和推动我国 5G 产业链上下游各环节的成熟。

（2）我国 5G 第三阶段测试顺利完成。

目前，IMT-2020（5G）推进组已经发布了 5G 技术研发试验第三阶段测试结果。测试结果表明，5G 基站与核心网设备均可支持非独立组网和独立组网模式，主要功能符合预期，达到预商用水平。

（3）地方高度重视 5G 发展。

一方面，地方政府的 5G 建设规划陆续出台。2018 年 11 月 9 日，上海市政府印发的《上海市推进新一代信息基础设施建设助力提升城市能级和核心竞争力三年行动计划(2018—2020 年)》提出，2020 年完成 1 万个 5G 基站规模部署，率先开展商用。11 月 14 日，太原市规划局发布了《太原市 5G 通信基站专项规划（2018—2035）》，近期规划期限为 2018—2020 年、远期指导至 2035 年，计划在市内建立宏基站约 1.24 万座。11 月 19 日，北京市政府印发了《北京市进一步优化营商环境行动计划（2018—2020 年）》的通知，该文件提出要落实国家"提速降费"的总体要求，加快推进光网城市建设，2020 年固定宽带网络具备千兆接入能力，重点区域实现 5G 覆盖等。

另一方面，地方政府 5G 产业发展同步展开。2019 年 1 月 9 日，《河南省 5G 产业发展行动方案》发布，指出要建设 5G 应用示范基地，在自动驾驶、超高清视频、VR/AR、物联网、健康医疗领域开展示范应用；构建 5G 产业生态，支持中国移动、中国联通、中国电信、中国广电、中国铁塔的 5G 重大示范工程项目，引进 5G 产业龙头企业，对重点项目给予支持。1 月 24 日，《北京市 5G 产业发展行动方案(2019—2022 年)》发布，提出了明确的目标。其中，网络建设目标是，到 2022 年北京市运营商 5G 网络投资累计超过 300 亿元，实现首都功能核心区、城市副中心、重要功能区、重要场所的 5G 网络覆盖；技术发展目标是北京市科研单位和企业在 5G 国际标准中的基本专利拥有量占比为 5% 以上，成为 5G 技术标准重要贡献者，重点突破 6GHz 以上中高频元器件规模生产关键技术和工艺；产业发展目标是北京市 5G 产业实现收入约 2000 亿元，拉动信息服务业及新业态产业规模超过 1 万亿元。

第二节　中国无线电管理发展概况[①]

一、大力推进法治建设，无线电管理依法行政能力和水平全面提升

（1）各地无线电管理机构执法能力进一步提升。

党的十九大提出了坚持全面依法治国的基本方略。作为实施无线电管理的重要手段之一，无线电管理行政执法对于推进无线电管理领域法治建设、落实无线电管理法规制度、加强事中及事后监管至关重要。2018 年，国家无线电管理机构在全国组织开展了提升无线电管理机构执法能力专项行动，并以此为抓手，带动全国无线电管理工作开展。在专项行动中，首次制定了无线电管理执法能力评价指标，实现了执法能力评估的量化；开展了对 31 个省（自治区、直辖市）无线电管理机构的调研评估，基本摸清了全国行政执法工作情况；汇编了 14 个完整的行政执法优秀案例和案卷，评选了"无线电行政执法十大典型案例"，以实际案例指导执法实践；通过组织召开座谈会、培训班及远程视频授课等方式，加强了行政执法分类指导。

各地无线电管理机构高度重视、精心组织、扎实推进，对照评估标准，从执法程序、处罚裁量、案卷整理等方面进行了自查自纠、查漏补缺。通过专项行动，各地执法流程进一步优化，执法工作更加制度化、规范化、常态化，依法履职尽责的能力和水平迈上了新台阶，为进一步贯彻落实《中华人民共和国无线电管理条例》（以下简称《条例》），加强事中及事后监管打下了坚实基础。

（2）无线电管理法治体系进一步完善。

2018 年，国家无线电管理机构坚持将法规制度建设作为依法行政的"先手棋"，以新修订的《条例》为依据和根本，加快配套规章和规范性文件制修订工作、加强地方立法建设，为《条例》落实夯实基础。《中华人民共和国无线电频率划分规定》（以下简称《频率划分规定》）以工业和信息化部第 46 号令公布，于 2018 年 7 月 1 日起施行。以工业和信息化部规范性文件发布了《无线电发射

---

① 工业和信息化部无线电管理局：《2018 年无线电管理十件大事》，《中国电子报》，2019 年。

设备销售备案实施办法（暂行）》《无线电干扰投诉和查处工作实施细则》《无线电频率占用费转移支付资金支出绩效评价暂行办法》《工业和信息化部办公厅关于启用新版＜中华人民共和国无线电台执照（地面无线电业务）的通知＞》等。

各地无线电管理机构加快《条例》配套法规规章的制修订。《福建省无线电管理条例修正案》于 2018 年 5 月 31 日起施行；修订后的《山东省无线电管理条例》于 9 月 1 日起施行；《上海市无线电管理办法》于 12 月 1 日起施行。

二、加强精细化管理，无线电频谱资源有力支撑"制造强国""网络强国"建设

（1）《中华人民共和国无线电频率划分规定》修订发布。

为适应我国经济社会发展和国防建设各行业、领域的频率使用现状和中长期需求，同时与国际无线电频率划分接轨，2018 年，工业和信息化部联合中央军委联合参谋部，在国家无线电监测中心的大力支持下，依据最新版的国际电信联盟《无线电规则》，协调民航、交通、广电、气象、航空航天等部门，修订发布了《频率划分规定》。本次修订着力保障"制造强国""网络强国"建设，实现富国与强军统一，共涉及无线电业务 13 种、频段 110 个，为第五代移动通信（5G）系统新增了 600MHz 频谱资源，并重点围绕探月、火星计划，低轨卫星移动通信系统、重大航空工程等方面的频率使用做了划分或优化调整，促进了无线电频谱资源的科学开发和有效利用。

（2）5G 系统相关频率使用规划和许可取得重大成果。

5G 是未来数字经济发展的重要驱动力。5G 系统频率使用许可是移动通信技术发展史上具有里程碑意义的大事。按照 5G 系统频率使用许可工作的批示指示精神，国家无线电管理机构深入开展调研，充分征求意见，与三家基础电信运营企业多次沟通，有效克服了 5G 系统中频段优质频率资源相对不足、供需矛盾突出的困难，创造性地提出增加 2.6GHz 低频段 5G 系统频率资源供给的方案。2018 年 12 月 3 日，工业和信息化部向三家基础电信运营企业颁发了全国范围内的 5G 系统中低频段试验频率使用许可，在全球率先实现了为三家运营企业分别许可至少连续 100MHz 带宽频谱资源，所许可的 5G 系统中低频段频谱资源总量为全世界最多，有力保障了电信运营企业在全国范围开展 5G 系统组网试验所必需的频谱资源。该工作得到了电信运营企业等业内各界和国际同行的高度评价。此外，国家无线电管理机构还制定了 5G 系统中频段试验无线电发射设备射频技术指标，为大规模开展 5G 试验创造了条件；研究制定了我国部分 5G 毫米波频段频率使用规划方案，以引导 5G 系统毫米波频段产业发展。

（3）车联网、能源互联网等重点频率使用规划和许可相关工作取得积极成效。

一是充分考虑国内外产业条件、标准制定、频率使用的现状和发展需要，制定发布《车联网（智能网联汽车）直连通信使用 5905-5925MHz 频段频率管理规定（暂行）》，规划了 20MHz 带宽的专用频率用于 LTE-V2X 智能网联汽车的直连通信技术，有力保障了我国车联网（智能网联汽车）车与车、车与人、车与路之间直连通信所必需的频率，推动了我国信息通信技术与传统汽车产业的深度融合，为实现万亿级智能网联汽车产业的创新发展创造了良好的政策环境。

二是支持能源互联网的应用和发展，调整 230MHz 频段频率规划，引入载波聚合等新技术，大幅提高频谱使用效率，推动电网企业加快建设新一代宽带专用无线系统，以实现海量电力终端实时接入和精准控制，确保电网运行更加安全稳定。预计三年内该系统投资将超过千亿元，接入智能电表超过 7 亿只，覆盖全国大部分地区，产生的直接经济效益超过千亿元。

三是有效协调保障各行业频率使用需求，发布《关于加强 1447-1467MHz 和 1785-1805MHz 频段无线电频率使用管理的通知》，要求各地优先采用招标、拍卖的方式开展 1400MHz 和 1800MHz 频段专网系统无线电频率使用许可工作；支持北京新机场建设，完成新机场天气雷达频率使用许可；各地无线电管理机构做好 800MHz 数字集群通信等频率使用许可工作，满足公共安全、轨道交通等单位指挥调度、应急通信等需求。

四是深入贯彻落实国务院关于深化"放管服"改革的要求，简政放权、放管结合、优化服务，使无线电管理行政许可效率和服务水平进一步提高。发布新版无线电台执照，在执照中增加二维码，鼓励有条件的省（自治区、直辖市）无线电管理机构颁发电子形式的无线电台执照；提高审批效率，优化办理流程，推进用户办理行政许可"零跑腿"，实现"一站式服务"。比如，北京市加强事中及事后监管，编制过期频率使用单位名录，开展过期频率清理工作；浙江省推广电子签章和在线支付，实现行政许可和行政征收"零上门"；青海省行政许可事项办结"零超时"，不断压缩业务办理时限，面向民航、铁路、气象等重要部门和重要业务开通绿色审批通道。

2018 年完成包括 5G 系统试验使用频率在内的共计 7 个跨省或全国范围的地面无线电频率使用许可，41 个短波台（站）设置、使用许可；为嫦娥四号、风云二号、高分一号、鸿雁低轨星座系统等重大航天工程，以及三家基础电信运营企业、中国交通通信信息集团、俄罗斯驻华使馆、河南省人民政府等单位审批了涉及 37 颗卫星、83 个空间无线电台、20 个卫星通信网、8 个地球站的空间无线电业务行政许可；核准无线电发射设备 8303 个型号。

（4）卫星频率和轨道资源申报、协调和管理深入推进。

卫星频率和轨道资源是空间无线电业务正常运行的前提和基础。卫星频率和轨道资源申报、协调和管理关系到航天工程是否能按期建设和投入使用。2018 年，国家无线电管理机构着眼国家重大航天工程卫星频率和轨道资源使用情况，加大了卫星频率轨道资源管理的顶层设计，制定发布了《遥感和空间科学卫星无线电频率和轨道资源使用规划（2019—2025 年）》（征求意见稿），从制度上有效防范资源使用风险，保障重大航天工程的卫星无线电频率资源；重点做好北斗导航、载人航天、嫦娥探月、深空探测等卫星无线电频率和轨道资源资料的申报、协调、登记和维护等工作；全年累计向国际电联申报 91 个卫星系统、121 份卫星网络资料。

三、推进台（站）和无线电设备管理，无线电管理事中及事后监管进一步加强

2018 年，全国无线电管理机构以制度建设为根本，以强化监管为导向，以服务用户为目标，扎实推动无线电台（站）、设备管理工作。截至 2018 年底，全国无线电台（站）数达 542 万个，同比增长 11.5%。其中，公众移动通信基站 408.7 万个，广播电台 2.6 万个，船舶电台 2.7 万个，甚高频和特高频台（站）89.6 万个，业余无线电台 8.6 万个，其他台（站）为 29.8 万个。

（1）无线电台（站）管理进一步强化。

一是大力推进 5G 系统基站部署。组织开展 3400-4200MHz 和 4500-5000MHz 频段卫星地球站等无线电台（站）的清理核查工作，全面掌握 5G 系统中频现有无线电台（站）使用情况；制定发布《3000-5000MHz 频段第五代移动通信基站与其他无线电台（站）干扰协调管理规定》，为协调解决 5G 基站与其他无线电业务台（站）的兼容共存问题提供依据。二是优化公众移动通信基站行政许可办理流程，印发《公众移动通信基站数据电子交互工作实施参考指南》，方便企业自动化、批量化报送基站设置申请材料。三是适应商业卫星测控业务发展的需要，优化商用卫星测控站设置使用许可流程。四是印发《国家无线电办公室关于开展 2018 年频率使用率评价工作的通知》，在全国范围内开展 798-960MHz 频段内数字集群、公众移动通信、铁路专用移动通信（GSM-R）等系统的频率使用率评价工作，加强频率使用监管。五是台（站）国际申报成效明显。2018 年，共向国际电联申报地面业务台（站）使用频率 1 919 条。我国向国际电联申报的边境地区地面业务台（站）使用频率达到 35 246 条，

进入国际电联频率登记总表的频率数量达 64 951 条。

（2）无线电发射设备管理和服务进一步优化。

一是工业和信息化部贯彻落实《国务院关于第三批清理规范国务院部门行政审批中介服务事项的决定》（国发〔2017〕8 号）文件精神，自 2018 年 10 月 15 日起，无线电发射设备型号核准测试服务改由政府购买，并完成了制度建设、流程优化、明确需求、招标采购、系统升级改造等一系列政策落地工作；委托中招国际招标有限公司开展招标工作，20 个标包中 11 个招标成功，9 个标包变更为竞争性谈判或单一来源采购方式，最终确定 6 家承检机构。预计该政策实施一年后将惠及企业近 3000 家，直接减少企业制度性交易成本近 3 亿元。二是落实"放管服"改革要求，制定发布《无线电发射设备销售备案实施办法（暂行）》，明确了实施无线电发射设备销售备案的管理机构、备案主体、备案内容、操作流程等，建立了全国统一的信息平台。对于加强无线电发射设备全流程管理，从源头上防止和减少无线电干扰隐患具有十分重要的意义。

各地无线电管理机构落实属地化管理责任，扎实加强无线电台（站）和设备管理。安徽省联合广电、人防、气象部门，探索建立重点部门行业使用频率、设置台（站）分类管理长效机制；广东省协调电信运营商及早开展 5G 站址规划工作，为 5G 系统基站部署做好准备；陕西省将无线电发射设备市场销售管理纳入工商部门的监管范围，联合开展政策宣传、备案登记、监督检查等工作。

四、忠诚履职尽责，空中电波秩序和无线电安全得到有效维护

（1）无线电监测和干扰查处工作力度不断加大。

作为党和人民的"电波卫士"，无线电管理机构坚决秉承以人民为中心的发展思想，抓住人民最关心、利益最相关的无线电干扰等问题，持续加大无线电监测、干扰查处力度，2018 年全国无线电管理机构共查处无线电干扰投诉 2563 起。

一是发布实施《无线电干扰投诉和查处工作实施细则》，进一步规范无线电干扰投诉和查处工作流程，提升干扰查处工作效率。二是指导各地无线电管理机构圆满完成高考、研究生考试、公务员招录考试、全国会计师专业技术资格考试、法律职业资格考试等重要考试的无线电安全保障工作，利用无线电设备进行考试作弊的现象得到了有效遏制。应考务部门要求，全国各地无线电管理机构共出动技术人员 24 322 人次、移动检测车辆 8 387 车次，启动监测设备 14 044 台（套）。三是做好航空、铁路等专用频率保护，为民航、铁路运输安

全和人民生命财产安全保驾护航。四是做好外国政要访华临时频率指配和监测相关工作，2018 年累计完成 100 余个外国政要访华的 300 余条临时频率指配工作，批准 900 余台无线电设备入境临时使用；所批复的临时频率在批复期内均正常使用，未受到有害干扰。

宁夏回族自治区紧盯 MMDS 系统对公众移动通信的长期干扰，历时两年彻底关停重点地区的违规系统。浙江省加强不明信号排查力度，主动查明不明信号 101 个。湖南省修订发布《湖南省无线电干扰查处程序规定》，进一步规范干扰查处流程，提高查处效率。江苏省进一步巩固民航、铁路专用频率长效保护机制，有效保障了 GSM-R 列车调度频率和南京禄口机场地空通信频率使用安全。

（2）重大活动无线电安全保障圆满完成。

2018 年以来，全国无线电管理机构从讲政治的高度，牢固树立"四个意识"，以最高标准、最严措施、最周密部署圆满完成了中非合作论坛、上合组织青岛峰会等重大活动无线电安全保障任务，确保了各类合法无线电台(站)、无线电设备的正常工作。相关工作得到公安、民航等部门的肯定。中非合作论坛、上合组织青岛峰会期间，在苗圩部长、陈肇雄副部长、张峰总工程师等部领导的靠前指挥下，北京市、山东省无线电管理机构充分落实主体责任，会同周边地区的无线电管理机构和国家无线电监测中心，与军队、民航、广电、公安、外交等军地十几家单位团结协作，坚持问题导向、强化底线思维、连续加班加点，实现了"零投诉、零干扰、零差错"，确保了上合组织青岛峰会 2.7 万台、中非合作论坛 3.7 万台无线电台（站）和设备的频率使用安全。

上海、海南、甘肃、青海、安徽、福建、宁夏、四川、西藏等地区圆满完成中国国际进口博览会、博鳌亚洲论坛、兰州国际马拉松赛、环青海湖国际自行车赛、世界制造业大会、国际投洽会、宁夏回族自治区成立 60 周年庆祝活动、中国（四川）国际物流博览会、第四届中国西藏旅游文化国际博览会的无线电安全保障任务，获当地党委、政府和有关部门的高度肯定。

（3）"黑广播""伪基站"等违法犯罪行为得到有效遏制。

2018 年，国家无线电管理机构持续保持对"黑广播""伪基站"等违法犯罪活动的高压严打态势，在国务院打击治理电信网络新型违法犯罪工作部际联席会议工作机制下，积极联合公安、广电等部门，从 5 月起开展打击治理"黑广播""伪基站"和集中整治违规设置使用调频广播电台（"灰广播"）专项行动，有效净化了电磁环境。在打击"黑广播""伪基站"方面，无线电管理机构采用"互联网＋"的技术手段进一步提高监控能力；会同市场监督管理、公安、广电等部门开展联合执法，对其生产、销售、使用开展全链条打击。在集中整治"灰广播"方面，各地无线电管理机构和广电部门组织开展了对广播电视播出机构的宣传教育和监督检查，坚决查处广播电视播出机构擅自使用频率、擅自设置广播台（站）、擅自增大发射功率等违规问题。2018 年全国累计查处"黑广播"案件 2251 起、"伪基站"案件 282 起，缴获相关设备 2300 余台（套），发现并处理"灰广播"案件 544 起。

河南、山东、贵州、天津、黑龙江、山西、广西、重庆等地区的无线电管理机构主动担当、重拳出击，打击治理"黑广播""伪基站"工作成效突出。重庆市等地区依法对涉嫌安装设置"黑广播""伪基站"的犯罪团伙予以判决，形成有力震慑；江西省全链条打击治理"黑广播"，相关工作经验被新华社报道宣传。

五、"十三五"规划落实稳步推进，频占费使用更加规范

（1）无线电管理"十三五"规划落实和技术设施建设扎实推进。

一是在全国开展了无线电管理"十三五"规划落实中期评估工作，完成了《国家无线电管理规划（2016—2020 年）中期评估报告》，全面掌握无线电管理"十三五"规划落实情况，加大后半程实施力度。各地加大落实力度，认真组织自查，确保了规划落实的中期进度。二是加强边海地区无线电管理技术设施建设，编制了《边海地区无线电管理技术设施建设工程专项规划》，加强边海工程工作指导，积极落实工程建设资金需求。

湖北、广东提升无线电监测设施智能化水平，分别建设大数据支撑的智能监测网和监测网运行智能监控系统。新疆维吾尔自治区针对无人机频率使用配备了一批高新监管装备，填补监管手段空白。海南建成 6 套海上移动监测站，有效支撑无线电管理工作。

（2）频占费使用、管理进一步规范。

一是优化转移支付频占费资金业务审核制度，修订下发了《无线电频率占用费转移支付资金使用管理细则》，配合财政部完成 2018 年转移支付频占费资金业务审核。二是组织工业和信息化部通信清算中心和中国信息通信研究院完成对天津、湖南、广东、四川、云南、宁夏六省（自治区、直辖市）2017 年频占费资金的绩效评价试点工作，制定发布了《无线电频率占用费转移支付资金绩效评价暂行办法》，提高资金使用效益。三是升级频占费转移支付资金监管信息平台，对占费资金的申报、审核、下达、执行和资产管理等试行全流程实时动态管理。四是配合完成《国家发展改革委 财政部关于降低部分无线电频率

占用费标准等有关问题的通知》（发改价格［2018］601 号）的制定工作，降低 5G 公众移动通信系统 Ka 高通量卫星通信系统、开展空间科学研究的卫星系统的频率占用收费标准。

（3）无线电管理领域标准工作扎实推进。

2018 年，工业和信息化部共审查国家标准、行业标准和团体标准立项 102 个，推动报批了《基于 LTE 的车联网无线通信技术空中接口技术要求》《面向物联网的蜂窝窄带接入（NB-IoT）》等 53 个标准，满足了智能交通、蜂窝窄带物联网（NB-IoT）等行业发展需求，为国内相关产业提供了指导规范。

六、维护无线电频谱使用权益，国际频率协调与合作取得新进展

（1）无线电频率和卫星网络国际协调取得积极成果。

一是做好 2018 年中俄地面无线电业务频率协调技术专家组与常设工作组会谈的相关工作并取得重要进展。二是组织开展了内地与香港无线电业务协调会谈、内地与香港无线电频率专题协调会谈，就广深港高铁列车通信、港珠澳大桥公众移动通信、调频广播业务、航空无线电导航业务等议题达成广泛一致。三是分别组织召开了与挪威、美国、日本主管部门间的卫星网络协调会谈，推动了我国通信、广播、气象、导航等卫星系统的国际协调进程，保障了我国探月工程、宽带卫星互联网、中星系列通信卫星、风云系列气象卫星、载人航天、北斗导航等系统的频率使用需求。

广西、云南、吉林、辽宁、内蒙古等省（自治区、直辖市）扎实开展电磁环境监测工作，有力支撑了边境频率和台（站）国际协调工作。福建省利用海峡技术专家论坛作为两岸无线电管理工作交流平台，完成了 7 个短波频率受干扰的协调工作。国家无线电监测中心协助开展了大量日常函件处理、台（站）申报和会谈协调相关工作，为无线电频率和卫星网络国际协调的顺利开展打下了坚实基础。

（2）国际无线电频谱管理实务参与度进一步加深。

根据 2019 年世界无线电大会（WRC-19）议题国内筹备工作机制和国际电信联盟无线电管理部门（ITU-R）国内对口组管理办法，工业和信息化部组织国内各单位开展 WRC-19 议题研究工作，做好亚太电信组织 WRC-19 第三次筹备组会议（APG19-3）、WRC-19 区域间交流会、亚太电信组织无线电工作组会议（AWG）及 ITU-R 研究组会议的文稿起草和参会工作，在 5G 毫米波候选频段研究、维护我重要卫星系统频率使用权益、修订卫星频率轨道资源申报程序和规

则、推动车联网和高速铁路车地通信频率协调一致等重点议题研究方面取得了积极进展。

七、不断强化统一领导，深入推进电磁频谱管理领域

（1）军地无线电管理更加深入。

一是完善军地无线电（电磁频谱）管理联席会议制度。二是加强预备役频谱管理部队建设，指导预备役电磁频谱管理中心顺利完成了"国际军事比赛—2018"、中非合作论坛北京峰会、"和平使命—2018"中外联合军事演习等任务的无线电安全保障任务；举行电磁频谱预备役部队的实战化专题集训，锤炼了预备役官兵在高寒条件下支援军事行动的频谱管控能力，为备战 2022 年冬奥会无线电安全保障工作打下了坚实的基础。三是举办了全国电磁频谱管理领域融合发展成果展。以党的十八大以来电磁频谱管理领域砥砺奋进的五年成绩为主线，全面展示了军地携手改革创新、务实推进融合所取得的成果。工业和信息化部苗圩部长、张峰总工程师及军队有关高层领导出席展览开幕式，部机关和军队相关部门共 500 余人参观了展览。

海南省完成多次重大军事活动无线电安全保障，得到中央军委及海军首长、省政府领导的高度肯定。内蒙古、吉林、广西、甘肃等省（自治区、直辖市）高质量完成军队训练无线电安全保障，及时排除相关干扰。云南省与南部战区密切协作配开展联合电磁环境实地测试。

（2）无线电管理宣传工作取得实效。

一是加强对全国无线电管理宣传工作的指导，印发了《2018 年全国无线电管理宣传工作实施方案》，组织全国开展 9 月无线电管理宣传月活动，10 个省（自治区、直辖市）无线电科普基地参评教育部"全国中小学生研学实践教育基地"。二是遴选发布"2018 年无线电管理十件大事"，编制了《中国无线电管理工作年度报告（2018 年）》，创立了《无线电管理动态》，组织筹备了《中国无线电管理志》编撰工作。三是加大上报类信息报送力度，报送数量和质量显著提升，向工业和信息化部报送信息 25 篇，其中的 10 篇被中办、国办采用，较好地发挥了政务信息服务决策、推动工作的作用。四是指导中国无线电协会公布"国家无线电管理"宣传标识和宣传口号征集与评选活动结果，发布"中国无线电管理"宣传标识和使用管理办法。

各地无线电管理机构紧紧围绕年度无线电管理工作重点，借助"世界无线电日"、无线电管理宣传月、业余无线电节、中国科普日等契机，进一步拓展思路、创新形式，组织开展了丰富多彩的宣传活动，为无线电管理工作健康有

序地开展营造了良好的舆论环境。黑龙江省所报信息两次被中央有关刊物采用，多次获省委、省政府领导批示表扬，有力推动了业务工作开展；山西省被工业和信息化部宣传载体采用的信息数量位居全国第一；河北省秦皇岛市制作庆祝"世界无线电日"和《揭秘无线电》系列宣传片，为新华社、光明网、中共中央宣传部"学习强国"等中央级媒体平台转发，首日播放量超百万次；湖北省结合打击治理"黑广播""伪基站"开展宣传，《湖北日报》对相关工作进行了跟踪报道；新疆维吾尔自治区加强无线电科普基地建设，无线电安全保障实训基地被评为"全国中小学生研学实践教育基地"；贵州省积极举办首届"我与宪法"微视频征集活动，无线电管理微视频取得良好宣传效果。

专题篇

第三章

无线电技术及应用专题

第一节　智能网联汽车传感器[①]

一、ADAS 传感器基本组成

高级驾驶辅助系统（Advanced Driving Assistant System，ADAS）是一个基于自动化手段的主动安全控制系统，借助摄像头、雷达等传感器对周围环境进行动态、实时监测和采集，并结合地理信息数据对周边的潜在风险进行预判，在紧急情况下采取直接控制避免车辆碰撞，强化行车安全性保障。ADAS 包括传感层、控制层和执行层，其中传感层包括长距毫米波雷达、中短距毫米波雷达、红外摄像头、激光雷达、车速传感器等一系列传感器件；控制层主要针对传感层信息进行统计分析和算法处理，主要包括芯片（图像处理芯片、逻辑控制芯片）和计算机算法；执行层主要针对控制层的决策进行一系列行为的执行，如车辆的制动、转向、驱动等。

二、我国 ADAS 传感器产业发展

当前全球 ADAS 传感器产业已基本实现全产业链布局，形成从上游车载摄像头和毫米波雷达到中下游（芯片、算法、应用系统和平台）在内的完整的体系架构，各环节都有龙头骨干企业带动，如摄像头核心感光芯片领域的索尼、三星等日韩典型企业，毫米波雷达领域的博世（Bosch）、大陆（Continental）等典型企业，芯片与算法领域中的 Mobileye、ADI 等骨干企业等，技术附加值

---

① 孙美玉：《ADAS 传感器：从"做产品"到"做品牌"》，《新能源汽车报》，2018 年。

高的领域呈现行业集中度高的趋势。如图 3-1 所示为 ADAS 示意图。

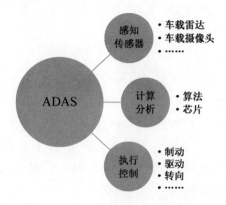

图 3-1 ADAS 示意图

我国 ADAS 市场增长潜力巨大。根据相关机构预测，我国智能网联汽车 ADAS 市场 2018—2020 年的平均增长率将超过 30%。特别是我国实行 C-NCAP 2018 计划以来，明确规定"2018 年所有新型汽车都必须安装配备 ADAS"后，国内电子汽车安全性标准不断提升，国内 ADAS 市场出现指数级增长态势。Echnavio 在报告中指出，至 2021 年，博世（Bosch）、大陆（Continental）、德尔福（Delphi）、电装（DENSO）和 Mobileye，将是我国汽车 ADAS 市场的五大瓜分者。

（1）车载摄像头。

车载摄像头是 ADAS 传感层的核心器件，能实现对周边环境数据的实时监测和采集，是安全无人驾驶的前提条件。要实现智能网联汽车自动驾驶的基本功能，一辆汽车至少需要五个毫米波雷达（一个长距、四个短距）和六个摄像头（一个前视摄像头、一个内视摄像头、四个环视摄像头）。

伴随我国智能网联汽车产业化进程不断推进，车载摄像头在我国市场拓展潜力巨大，需求将逐年实现稳步提升。目前，亚太地区成为车载摄像头市场增长最快的地区，根据中国汽车工程学会《节能与新能源汽车技术路线图》相关期望目标数据预测，中国将逐步成为最大的无人驾驶市场，带动摄像头等一系列传感器市场的快速增长。2018 年中国车载摄像头的市场需求接近 3000 万颗，到 2020 年市场需求将超过 4500 万颗，年增长率超过 20%，市场规模接近 80 亿元。

目前我国车载摄像头技术创新领域正处于加快追赶、缩小与发达国家差距的阶段。摄像头关键模组技术主要由日本松下、索尼和德国大陆等国际传统龙头企业掌握；核心芯片领域也由国外龙头企业垄断，行业集中度高，典型企业包括瑞萨申子、意法半导体、飞思卡尔、亚德诺等。我国企业主要针对摄像头应用，为企业开发"模组+芯片+算法"一体化解决方案，为产业链的下游汽车企业做相关器件的配套服务。

（2）车载雷达。

智能网联汽车车载雷达主要包括毫米波雷达、超声波雷达和激光雷达等，是实现目标探测、距离方位信息确认的核心器件。相对而言，毫米波雷达性能相对稳定，探测距离远且受外界环境的干扰不明显，市场化、产业化普及领域比较广泛。当前国际上毫米波雷达使用的频段主要为 24GHz 和 77GHz（76~81GHz），由于研发技术不断推进，77GHz 频段的技术优势不断凸显，未来全球 77GHz 车载雷达行业集中成为趋势。

国内毫米波雷达市场潜力巨大。伴随 ADAS 市场占有率的不断提升，全球毫米波雷达市场需求不断增加，年复合增长率超过 20%。我国毫米波雷达前后装市场需求呈现爆发式增长态势，尤其是在目前大众、奔驰、奥迪、丰田等众多汽车企业的高端车型中，毫米波雷达已成为标配。作为世界汽车消费大国的中国将成为毫米波雷达的重要市场开发地。根据相关统计预测数据，到 2020 年全球毫米波雷达市场规模将超过 7000 万颗，平均年复合增长率约为 24%。我国作为全球最大的汽车生产和消费国家，2020 年汽车销量将达到 3000 万辆，保守估计可带动全国毫米波雷达产品出货量 4500 万颗，折合 200 亿元人民币的市场规模。

国内毫米波雷达发展挑战与机遇并存。毫米波雷达目前的核心技术主要被国外骨干企业掌握，包括博世、大陆、TRW、法雷奥、海拉、德尔福、电装、Autoliv 及富士通等知名品牌，行业集中度高，占据全球超过 70%的市场份额。我国毫米波雷达产业起步较晚，但国产化创新进程正持续稳步推进：厦门意行半导体、芜湖森思泰克针对 24GHz 雷达相关产品研发和市场化推广取得阶段性成果；工业和信息化部委托车载信息服务产业应用联盟（TIAA）开展基于77-81GHz 毫米波雷达无线电频率技术研究，进一步明确相关技术标准体系；紧抓毫米波雷达知识产权国内放开机遇，杭州智波科技、芜湖森思泰克等企业的 77GHz 毫米波雷达产品逐步实现量产。鉴于毫米波雷达市场需求在未来十几年都会保持平稳增长态势，因此本国企业创新能力提升之路仍然大有可为。

（3）ADAS 算法和芯片。

ADAS 算法和芯片是 ADAS 控制层的核心组成部分，是实现智能网联汽车无人驾驶的突破点，行业集中度较高。ADAS 算法通过对上游传感层数据进行挖掘处理，完成信息深度识别，为执行层提供决策判断。目前 Mobileye 作为

ADAS 全球龙头企业，处于行业领先地位，图像处理芯片系列产品占据 70%以上的市场份额。国内算法类公司也具备一定的研发实力，涌现出 Minieye、Maxieye、前向启创、创来科技、苏州智华、中天安驰等一批公司，其中前向启创、苏州智华等企业通过不断创新，在车辆识别率（第一阶段）等某些关键指标上与 Mobileye 的差距正在不断缩小，上升空间巨大。相比而言，核心芯片领域与国外企业还存在较大差距，市场主要被瑞萨电子、意法半导体、ADI、德州仪器、英伟达等国际知名企业垄断。

（4）控制和执行系统。

ADAS 控制层和执行层是针对数据计算和分析对汽车进行一系列的行为控制。目前 ADAS 控制层领域主要被国际集成控制供应商第一梯队占据（博世、大陆、采埃孚-天合、德尔福、电装），它们掌握底盘控制、精密电控、汽车零部件和整车车身等核心技术，并拥有实力雄厚的 OEM 资源，处于绝对先发优势地位。在 ADAS 执行层领域，博世、大陆、采埃孚-天合、德尔福的国际龙头地位仍然牢固，但我国企业也取得了积极进展，很多企业已经完成某些核心技术突破，准备或已经进入量产阶段。例如，拓普集团的智能刹车系统研发和试验已经基本完成，通过进一步的算法优化可以实现量产；万安科技公司的电子制动系统的测试工作也已顺利完成，进入量产阶段。未来，伴随着 ADAS 市场规模扩展和产业链的成熟，将有更多的本土企业进入该领域。

三、存在问题

（1）智能网联汽车传感器核心器件和芯片缺乏，龙头企业缺失。

针对 ADAS 信息采集、计算处理和控制执行等各环节传感器件和芯片基本都由国外龙头企业垄断，本国企业的核心创新和市场拓展能力相比之下存在较大差距。根据相关机构统计数据，2017 年全球 MEMS 和传感器产业呈现高度集中态势，前十位的知名供应商市场总额接近 80%，国内约 90%左右的汽车电子传感器市场被欧美市场占领，本土企业市场占有率极低。在高端器件和芯片领域，这种现象更加突出，如国内 77GHz 毫米波雷达市场则几乎被大陆、博世和德尔福瓜分，市场占比高达 80%；运算处理核心芯片严重依赖进口，根据全球统计竞争力企业排名，前 60 家企业中国内仅有比亚迪一家上榜，缺乏核心自主创新点，进入前端市场存在诸多困难。

（2）传感器产业是车联网产业中非常薄弱的环节，限制因素很多。

我国车联网产业起步比发达国家至少滞后十几年，传感器更是受严重制约的。伴随着传感器智能化程度加深，研发、制造、生产各技术环节的要求不断提高，当前我国车联网传感器产业研究和研发涵盖领域比较宽泛，但在核心材料研发、工艺制造创新方面的水平与国外先进工艺相比存在很大差距。产品种类不全，品种满足率乐观估计为 60%左右，产品增量急需扩充；新的高档器件产品占比不足 40%，市场竞争能力亟待提升；产品研发与生产长期受国外竞争压力影响，生产规模和质量、市场个性化推广和售后不利因素较多，工艺技术落后，缺乏自主品牌。当前我国车联网传感器器件关键质量指标普遍比国外发达国家低 1~2 个数量级，使用周期低 2~3 级，新品研制落后 5~10 年，规模生产工艺落后 10~15 年，导致很多关键、高性能传感器仍处于严重依赖国外进口的阶段。

（3）车联网传感器科技成果转化能力不足，联动协调机制需进一步完善。

国内企业大多数以生产中低端产品为主，而且很多公司本身是国外产品的国内推销商和代理商，科技创新和产业转化基础薄弱。国内很多科研院所和高校在对高新技术跟踪和研发技术的研究方面取得了一定成果，但是试验和样机居多，距离产业转化层面还存在很大差距。部分重视产业化的企事业单位由于资金压力，很难独立开展研发和产业化，尤其是传感器研发投入要千万元、上亿元甚至更多，至少 10 年左右为一个周期甚至更长时间，利润低甚至为零利润，使得大部分单位望而却步。目前国内的"产学研"机制不够完善，存在企业、学校和科研机构相对独立，研究成果重复分散，科研经费统筹规划不足，投资结构不够合理等问题，导致车联网传感器产业链上产品后续的匹配性及可靠性大打折扣。

（4）车联网传感器专业人才匮乏，人才队伍体系建设需持续强化。

技术密集是传感器产业的典型特点之一，对于高科技专业的人才需求不言而喻。当前我国数字化、智能化传感器方面的专业人才不足，人才培育和培训体系有待进一步健全，行业各领域专业创新能力增长缓慢、技术更新换代周期长。与此同时，国内大部分企业普遍存在核心器件和芯片技术研发人才、知识产权人才不足的问题，国际高水平专业科研队伍、国际化领军人才、风向标学者等更为缺乏，严重制约我国车联网传感器产业的长期可持续发展，产业后劲不足。此外，车联网传感器产业除了对电子元器件、部件模组化具有需求之外，对数字化的系统解决方案提出了更高的要求，对复合型方案解决领域的人才提出了更迫切的需求，对我国目前的相对独立的电子器件及模组、软件集成等人才体系建设提出了更为严苛的条件。

四、对策建议

（1）强化战略顶层设计。

在政府层面，一是针对车联网传感器产业发展开展专项规划工作，明确重点领域和工程，在重点项目和关键技术领域成立专项基金支持，优化产业发展基金的投放和使用渠道；二是优化"产学研"一体的标准化体系和合作机制，推动跨行业、跨部门统筹协调，以技术带动产业推广和应用，实现重点领域核心技术突破，鼓励研究成果市场化运作，持续推进该领域长期创新体系建设。在企业层面，一是依托智能传感器创新联盟等平台及企业自身优势，推动企业间协调合作机制的设立，规范短、中、长期发展目标和重点领域，分阶段推进一批合作项目和工程；二是企业自身要结合实际需求，做好顶层规划设计，明确各阶段发展重点，实现重点目标和领域的创新突破。

（2）推进品牌体系建设。

在政府层面，一是加大沟通交流力度，强化现有技术、品牌、企业的国际交流与宣传；二是加大政策和资金支持力度，扶持关键技术研发，打造一批重点龙头企业和品牌，推动科技成果转化和中试，增强影响力；三是强化车联网传感器品牌配套的信誉、产品安全、实物质量等方面的标准制定和监督管理，提升品牌的生命力和竞争力。在企业层面，一是强化企业品牌培育能力，联合高校、研究院等科研机构和品牌建设机构，通过申请国家资金和自筹资金等方式，加大核心技术的研发和人员投入，完善产品质量管理体系，提升自身创新能力；二是加大新企业对品牌成长规律的宣传和培训力度，将观念从"做产品"转移到"做品牌"上来；三是广泛开展国际合作交流，通过开展与先进企业、品牌合作，探索打造一批合作品牌；四是坚持走"质量+品质+品牌"的道路，找准企业自身定位，提升与品牌的匹配能力。

（3）加快中国自主知识产权模式创新。

在政府层面，一是进一步完善智能传感器知识产权布局，针对技术研发、产业中试化、商业化等产业链各个环节强化知识产权体系建设，尤其是高端产品研发及核心生产科技，更要优化知识产权保护与运用体系，将高增值环节的"根基"留在国内；二是针对我国企业在海外市场遭遇专利诉讼的传感器创新高发领域，提前做好前瞻性专利战略布局。在企业层面，一是建立企业知识产权战略，完善内部专利成果管理机制，强化专利预警、竞争情报分析等技术能力；二是结合自身需求，重点针对传感器核心技术创新能力强的领域，开展以中国核心关键技术为载体的、致力于产业链延伸的创新项目，实现"中国企业+自主知识产权"同步输出，如以传感器为载体，涉及高端装备、新材料、新能源及上下游相关产业的合作项目等。

（4）完善复合型人才培养体系。

在政府层面，一是出台相关政策，加大智能传感器高端人才培养和引进力度，优化相关电子、通信、互联网等多专业培训体系，完善各种优惠配套条件；二是针对重点领域和项目，提升科研人才、领军人才和复合型管理人才的鼓励和奖励力度；三是持续推进相关领域人才的国际交流与培训，提高人才专业素质和能力；四是支持一批企业、学校、科研机构的车联网传感器复合型人才联合培养项目。在企业层面，一是加大引进和培养企业自身领军、骨干人才力度；二是企业间强化交流合作，推进人才联合交流和培养，取长补短；三是加强企业员工对外学习、合作交流的支持力度，建立符合企业发展实际的国际化人才培养渠道。

第二节　5G

一、我国 5G 产业推进情况

得益于移动互联技术发展和政府的大力支持，我国 5G 产业发展迅速，无论在技术、标准、网络建设、终端设备方面还是行业应用领域，都取得了较大的进展。

（1）政策层面。

我国政府全面推进 5G 技术研发，以期利用 5G 打造创新驱动的经济体系。早在 2013 年，我国政府就成立了 IMT-2020（5G）推进组，推进 5G 的战略研究、关键技术研发、试验与应用示范、标准转化、知识产权、对外合作交流等工作。在制造强国战略、网络强国战略、国家"十三五规划"、《国家信息化发展战略纲要》等国家重大战略和政策中，都提出要加强 5G 建设、加快 5G 技术研发、推进 5G 产业化进程。科技部国家科技重大专项"新一代宽带无线移动通信网"将 5G 作为研究重点。近两年，围绕信息消费领域，我国相继出台了《关于进一步扩大和升级信息消费持续释放内需潜力的指导意见》《扩大和升级信息消费三年行动计划（2018—2020 年）》《完善促进消费体制机制实施方案（2018—2020 年）》等政策措施，在 5G 领域均提出在 2020 年实现 5G 商用的目标。2018 年 4 月，我国出台了《智能网联汽车道路测试管理规范（试行）》，进一步明确了测试主体、测试车辆、测试路段等一系列要求，推动无人驾驶加速走进现实生活。目前，我国 5G 支持政策已从宏观走向微观，助推 5G 实现商用化。

（2）频谱方面。

频谱资源是发展移动通信业务的基础，是 5G 商用部署的前提，频谱资源越好、建网成本越低。2017 年 11 月，我国发布《工业和信息化部关于第五代移动通信系统使用 3300-3600MHz 和 4800-5000MHz 频段相关事宜的通知》，明确了将 3300-3600MHz 和 4800-5000MHz 频段作为 5G 系统的工作频段。我国成为世界上率先发布 5G 系统在中频段频率使用规划的国家。2018 年 12 月，我国完成对中国移动、中国联通和中国电信三大运营商的试验频谱分配，中国电信获得 3400-3500MHz 的 5G 试验频谱资源；中国移动获得 2515-2675MHz、4800-4900MHz 频段的 5G 试验频谱资源；中国联通获得 3500-3600MHz 的 5G 试验频谱资源。这意味着，三大运营商可以在全国范围内正式开展试验。2019 年 6 月 6 日，工业和信息化部正式发布 5G 牌照，中国移动、中国电信、中国联通和中国广播电视网络有限公司均获牌，我国正式开启了 5G 商用时代。

（3）技术层面。

我国 5G 技术处在国际领先位置。目前，我国已经突破大规模天线、超密集组网、新型多址技术等关键技术，推出了第一台原型机和第一台商用机。华为、中兴等通信设备企业实力雄厚，在 5G 技术研发领域取得多项重要突破。2017 年 12 月，中兴推出基于服务化架构的 5G 核心产品；2018 年 4 月，华为 5G 产品获得全球第一张 CE-TEC 证书。目前，华为拥有 61 项 5G 标准专利，占全球标准专利的 22.93%；中兴累计拥有超过 2000 件 5G 专利。5G 技术研发试验分为关键技术验证、技术方案验证和系统方案验证三个阶段。2016 年 1 月，我国正式开始 5G 技术研发。目前已完成前两个阶段，正在推进第三阶段的系统方案验证测试。

（4）网络部署方面。

当前我国已建成全球最大的 5G 试验网，处在 5G 商用的全球第一梯队。三大运营商是我国 5G 网络建设的主力，均发布了 5G 规划图，加紧在全国部署 5G 网络。北京、上海、广州、武汉、天津、成都、杭州、雄安等 18 个城市及地区成为三大运营商首批 5G 试点区。目前，中国移动在 2018 年内建成 100 个 5G 基站，计划于 2019 年年底建成 1000 个 5G 基站，2020 年建成近万个基站，实现全网 5G 规模商用；中国联通于 2019 年实现 5G 试商用，2020 年正式商用；中国电信已经在北京等 12 个城市开展 5G 规模建设及应用示范工程。

（5）标准制定方面。

在 5G 标准制定方面，3GPP 具有较强的话语权。2018 年 6 月，3GPP 完成 Release 15 制定，为全球 5G 第一版商用标准。第二阶段的 Release 16 计划于

2019 年完成。在 5G 标准制定过程中，我国企业全面参与，并与高通等顶级企业同台竞争，其中，我国研发的新型网络架构等多项技术方案被国际标准组织采纳。例如，我国主导推动的 Polar 码被 3GPP 采纳为 5G eMBB 控制信道标准方案，这是我国在 5G 技术研发和标准化领域的里程碑式进展。2018 年 6 月，我国已经完成核心网 NGC R15 的制定，2019 年年底完成 NGC R16 版本，以满足 5G 全业务需求。

（6）终端设备层面。

我国 5G 终端设备产业链逐步成熟。随着 5G 的第一个完整标准 R15 出台，网络设备、智能终端、芯片等数目繁多的产品开始面市，以迎接 5G 规模商用。作为全球最大的通信设备企业，华为相继发布了基于 3GPP 标准的基带芯片、手机芯片麒麟 980，以及全球首个面向 5G 商用场景的 5G 核心网解决方案 SOC2.0。中兴发布了 5G 全系列高低频预商用基站产品，满足未来 5G 预商用部署的多种应用场景和需求。华为、中兴等通信设备商"端到端"演示均已完成。小米、联想、OPPO、vivo 等手机生产厂商均于 2019 年推出 5G 智能手机。

二、面临机遇

（1）通信设备产业有望获得突破性发展。

一方面，由于 5G 时代频段提升，宏基站覆盖半径有所缩减、建设数量比 4G 略有提升，5G 基站量将是 4G 基站数量的 2 倍；而随着毫米波的引入，电波穿透力较差，微基站数量将大幅增加。基站的大规模建设，给国内光模块、天线、光纤光缆等通信设备产业带来巨大的发展机会。另一方面，5G 作为我国与全球第一次同步研发的移动通信标准，让我国网络运营商和通信设备企业进入了产业快速发展和超越的市场机遇期。4G 时代，我国通信设备领域射频关键器件、AD/DA 转换器件、基带芯片等关键器件仍然落后于欧美、日韩。在市场需求拉动、投资驱动和国家政策支持的利好条件下，我国通信设备产业有望实现产业快速发展和突破。预计在 2020 年，网络设备和终端设备收入共约 4500 亿元，占直接经济总产出的 94%。

（2）智能终端产业迎来蓬勃发展。

5G 商用前夕，相关的应用处于高速发展期。5G 场景从单纯的大数据流量向低时延、高可靠、大连接等多重应用场景拓展，虚拟现实、增强现实、物联网、智慧家居、智慧城市、智慧农业、智慧工业、智能交通、远程医疗、远程教育、远程服务等不断走入人们的生活。我国 5G 应用领域发展迅速，无论从政府层面还是企业层面，都在不断加快推进 5G 应用场景的落地。广州、深圳、北京、上海、杭州等城市开展了一系列基于 5G 的应用创新和"端到端"测试，包含了无人驾驶、高清视频、智慧城市、智慧物流、工业互联网、智慧金融、智能装备等行业应用。中国电信率先实现了从雄安到南昌的跨省 VR 全景高清直播。百度研发的阿波罗自动驾驶汽车从实验室走到测试阶段。我国 5G 在超高清视频、VR、无人驾驶等领域的成功示范，将提升传感器、高清视频、智能手机、无人驾驶汽车、智能家居、智能装备等终端装置的需求。未来很长时期内，智能终端产业将是最具市场竞争力的行业之一。

（3）软件和信息技术服务行业创新发展空间大。

随着 5G 技术的不断成熟及大规模商用，人与人、人与物、物与物之间将实现更广泛的连接和通话。这就需要 5G 技术与边缘运算、人工智能、云计算、物联网、边缘计算等新一代信息技术的深度融合，利用大数据、云计算、人工智能等技术进行数据的撷取、过滤、处理、反馈及智能决策，真正实现终端设备的感知和决策智能化。这一过程必将带动大数据、云计算、人工智能、边缘计算、区块链、物联网等软件和信息技术服务业的技术创新、业务创新和商业模式创新。据统计，在 5G 商用中后期，互联网企业在与 5G 相关的大数据、云计算、人工智能等信息服务方面收入增长显著，成为主要收入来源，预计在 2030 年，互联网信息服务收入达到 2.6 万亿元，占直接经济总产出的 42%。

（4）加快企业国际化进程。

随着 5G 时代到来，我国开始在 5G 关键领域进行全球布局。在政府层面，国家"863"计划 5G 移动通信研究项目吸纳了三星、诺西、爱立信、DoCoMo 等多家国际知名企业作为研发的合作伙伴，打造开放合作的长效良性发展机制。2018 年 6 月，第六次中日韩信息通信部长会议就加强 5G、人工智能、大数据等新技术合作达成共识。在企业层面，截至目前，华为在全球已经获得 23 个 5G 商用合同，在欧洲、中东、亚洲等国家和地区部署 5G 商用网络。2018 年，华为向全球客户提供了约 1 万套 5G 基站。中兴也在全球 60 多个国家部署了近 110 张 5G 网络，为 160 多个国家和地区提供 5G 产品和解决方案。在华为、中兴等通信设备企业国际化的带动下，我国通信设备产业上下游企业有望以此为契机，加快国际化业务的开拓和布局。

（5）加速推动我国经济高质量发展。

5G 作为新一代移动通信技术，是未来万物互联社会的基础性网络设施，推动整个经济社会向智能化发展，被誉为经济进一步发展的主要动力，将成为经济社会转型变革的催化剂，重塑全球经济竞争新规则。5G 和大数据、人工智能等新一代 IT 技术结合，会引发信息革命的风暴，产生很多新的应用、新的产品和新的商业模式，涌现出无人驾驶、工业机器人、远程医疗、远程教育、智慧城市、智能制造、智慧农业等多种新业态、新产品、新模式，极大地满足消费者的多样化、高层次需求。同时，这些新技术有利于传统产业实现产品转型升级、业务数字化转型、效率提升，为传统企业的新动能转化增添新动力。传统产业的数字化转型和新兴产业的不断发展，将推动我国经济迈上新台阶。

三、存在问题

（1）频谱资源有限，供需矛盾凸显。

现阶段，我国的频谱资源是异常稀缺的，高、低频段的优质资源的剩余量十分有限。4G 时期我国就分配好了低频段中的优质频率，而高频段频谱因频率高、开发技术难度大、服务成本高，目前能用且用得起的资源较少。目前在 6G 以下，很难有 3×200MHz 的可用频段，必须启用毫米波段。在 5G 时代移动数据流量将呈现爆炸式增长，为满足 eMBB、uRLLC、mMTC 三大类 5G 主要应用场景对更大带宽、更短时延和更高速率的需求，需对支持 5G 新标准的候选频段进行高中低全频段布局，所需频谱数量也将远超 2G/3G/4G 移动通信技术的总和。我国频谱供需矛盾将在 5G 时代愈发凸显。我国 5G 的用频思路是 6GHz 以下频率为基、高频为补充发展。2018 年 12 月，工业和信息化部已经向中国移动、中国联通、中国电信三大运营商发放了全国范围内的 5G 中低频段试验频率使用许可，加速了我国 5G 产业化进程，但 5G 商用面临的频谱资源频段挑战还很大。

（2）5G 部署投入成本高，短期内很难获取资本回报。

5G 基站包括宏基站和小微基站等主流基站模式。与 4G 相比，5G 的辐射范围较小，从连续覆盖角度来看，5G 的基站数量可能是 4G 的 1.5～2 倍。机构预计，三大运营商 5G 无线网络投资总规模约 6500 亿元，其中，宏基站总数约 400 万个，小微基站约 600 万个。而大规模天线使 5G 基站建设成本高，还需新建或大规模改造核心网和传输网，因此构筑良好的 5G 网络需要运营商投入大量财力。投资大幅度增加，但场景落地和资本回报路径尚不清晰。现阶段，5G 发展仍以政策和技术驱动为主，VR、人工智能、无人驾驶等关键技术还未成熟与普及，应用服务为时尚早，目前存在过度炒作迹象。就市场普遍看好的 NB-IoT 来讲，运营商一直在努力推广，但目前的应用主要还是"三表"（燃气、水、电）及市政项目，成本仍然是企业推出 NB-IoT 产品的关键因素。未来，网络部署、应用开发、用户导入和习惯培养也需较长时间，预计 5G 商用早期将面临较大的经济效益压力。

（3）核心技术对外依赖度还很高，部分底层关键技术仍不成熟。

我国 5G 核心技术对外依存度还比较高，电信设备和不少终端设备的核心器件依赖进口。在标准制定方面，与美欧厂商相比，我国通信厂商不具备压倒性优势，很难复制高通在 3G 时代的强势地位。在芯片领域，国内厂商在商用时间和技术上与欧美基本同步。在电信设备领域，我国 FPGA、数模转换器、光通信芯片等电信设备基本从欧美元器件厂商进口；在终端方面，以智能手机为例，内存、CIS 等核心元器件基本被国外把控，即便是国内设计的 SoC，其CPU 和 GPU 完全依赖于英国 ARM 微处理器的技术授权。在物联网领域，截至目前，华为、中兴等公司推出了物联网解决方案，其中的 CPU 都是 ARM 的内核。同时，5G 相较于前几代移动通信技术，设计理念新颖，功能更加强大，对高频段射频器件等关键材料器件要求较高。目前，5G 终端产品的技术成熟度和商用化进程滞后于通信网络设备，尤其是在射频等底层关键领域的技术还不成熟。我国在 5G 中高频材料器件领域与欧美差距较大，这将是我国 5G 产业发展的痛点。

（4）美国频频发难，产业发展潜藏风险。

在政府大力支持和企业多年积淀下，我国 5G 专利数居全球首位，在 5G 标准制定中处于优势地位。然而，美国发动对华贸易战，接连制裁中兴、华为等通信设备企业，并以国家安全为由联合澳大利亚、日本、加拿大、俄罗斯等国家拒绝采用华为、中兴等企业的 5G 研发技术。美、日等国家精准打击我国 5G 领域核心企业，使我国 5G 技术推向国际的难度不断增加。而从产业自身发展来看，目前，5G 技术试验进入第三阶段，国际标准面临冻结，5G 处于商用前夕。各国为争夺 5G 标准制定权，纷纷加快推进 5G 技术研发、技术试验和网络部署，产业竞争异常激烈。在网络建设和技术演进还存在路线之争的情况下，企业动作迅速，商用时间节点不断前移，使 5G 产业化速度已追平技术试验和标准制定速度。外部环境的变化和产业自身的过度竞争，将大大增加我国 5G 发展的不确定性和成本压力。

四、对策建议

（1）提升自主创新水平，突破 5G 关键核心技术瓶颈。

深入开展 5G 产业全面调研，客观梳理当前我国 5G 领域关键薄弱环节，集中力量开展技术攻关，强化在基础和前沿领域的研究，弥补射频芯片、光通信芯片、中高频器件、数模转换器等环节的短板。同时，加强在化合物半导体材料、高频硅基集成芯片、毫米波通信等基础和前沿领域的部署；加强知识产权保护力度，加快提升我国 5G 产业自主创新水平，完成从购买国外核心器件和技术授权的整机产品到使用自主核心器件整机产品的飞跃。

（2）加快推进 5G 试点示范和应用，培育 5G 良好生态圈。

围绕制造强国和网络强国战略，联合各方共同开展 5G 应用场景研究验证，鼓励企业开展 5G 在工业互联网领域的深入应用，形成集技术、标准、产品和服务于一体的可复制、可推广的综合解决方案；鼓励运营商和互联网企业协同合作，有序推动 5G 在 VR/AR、超高清视频、工业互联网、智能网络汽车、智能家居等重点领域的应用，进一步促进 5G 技术产品和商业模式成熟；成立 5G 产业联盟，联合设备制造商、通信运营商、终端供应商、系统集成商、科研院所共同推进 5G 的标准和技术创新、网络建设、业务和使能平台、应用场景及终端发展，培育合作共赢的 5G 生态圈。

（3）加强国际间合作，提升产业国际化水平。

针对美国对我国 5G 产业的精准打击，我国更应该全面提高对外开放水平。依托我国市场和技术优势，深化与美国、"一带一路"沿线国家、非洲、欧洲等国家和地区在国际频率协调、技术研发、标准制定、人员培训等领域的国际合作，积极拓展 5G 国际市场。

第三节　低功耗广域网[①]

一、低功耗广域网产业发展新特点

（1）NB-IoT 与 LoRa 将继续领跑全球 LPWAN 市场。

2018 年 LPWAN 市场成长显著，逐渐成为推动物联网连接数快速增长的重要推动力。相关测算数据显示，2017—2023 年，LPWAN 将以超过 100% 的年复合增长率实现连接数量的高速增长。从细分技术来看，目前 LPWAN 市场仍处于较高的碎片化状态，如蜂窝 LPWAN 方面存在 NB-IoT、eMTC 等技术，非蜂窝 LPWAN 方面则拥有 LoRa、Sigfox、ZETA 等更多的选择。但从 2018 年的发展态势来看，在上述的 LPWAN 技术中，NB-IoT 与 LoRa 在技术指标、网络部署、产业链成熟度、全球化程度及垂直行业渗透率等各个方面都显示出了巨大

---

① 赛迪智库低功耗广域网形势分析课题组：《2019 年中国低功耗广域网发展形势展望》，《中国计算机报》，2019 年。

优势。二者之间存在竞争，但更多的是在不同的应用场景和行业领域中互补共存。

（2）NB-IoT 产业链和价值链将进一步完善。

一是网络覆盖将进一步完善。数据显示，2018 年我国 NB-IoT 基站规模为 120 万个，预计到 2019 年，我国 NB-IoT 基站数量将突破 150 万个。二是 NB-IoT 模组成本将下降到合理区间内。目前 NB-IoT 模组价格一般在 40～50 元的水平。2019 年随着运营商补贴力度进一步加大，以及出货量的大幅提升，NB-IoT 模组价格有望下降到 30 元以内，与 2G 模组的价格达到同一水平。同时，模组价格的下降会进一步刺激下游垂直应用市场的需求并带动出货量，使产业链更加成熟。三是 NB-IoT 的价值将实现从网络连接到应用的外溢。目前，三大运营商都已经将 NB-IoT 作为本公司的重点战略之一大力发展，将进一步向平台和垂直行业应用方向迁移。

二、存在问题

（1）市场碎片化程度较高。

网络、技术、产业、应用市场和产品标准的碎片化一直是影响 LPWAN 高速发展的关键。在技术层面，存在蜂窝 LPWAN 方面的 NB-IoT、eMTC 等技术，非蜂窝 LPWAN 方面的 LoRa、Sigfox、ZETA 等技术；在标准层面，工业领域常见的标准协议就有上百种，如再考虑到私有协议，数量可达上千种；在市场应用层面，LPWAN 应用已经覆盖工业、商用、消费三大领域约 20 多个行业、160 多个应用场景，拥有数目繁多的终端设备接口。根据物联网智库预测数据，预计到 2020 年，我国 LPWAN 接入设备将达到 1.97 亿个，行业市场规模将达到 30.14 亿元。由于各行业对 LPWAN 产品的需求不同，使得 LPWAN 的应用市场碎片化程度较高。但随着 NB-IoT 标准的出台和商用，华为、中兴及三大电信运营商、军工企业等加快在 LPWAN 物联网基础领域的投入力度，提升产业链资源整合能力，LPWAN 碎片化现状有望改变。

（2）产业核心技术薄弱。

受原材料、装备、芯片等领域核心技术薄弱的影响，我国 LPWAN 发展所需的相关技术和设备基本依赖进口。除华为主导的 NB-IoT 的国际标准体系外，目前我国 LPWAN 的核心技术仍停留在"引进—模仿—改进—创新"层面，对国外技术的依赖度较高，缺乏原始创新，技术积累和资本投入水平仍与国外先进国家差距较大。同时，缺乏拥有强大技术实力和竞争力的龙头企业。芯片是 LPWAN 行业的核心设备，也是技术性壁垒较高的产业链环节。我国 LPWAN

产业链中，射频识别芯片技术基础薄弱，工艺水平不高，部分多功能、微型化、智能化、网络化的高端芯片基本依赖进口。如 LoRa 技术的核心芯片基本由美国半导体制造商 Semtech 控制，后者占有 LoRa 射频芯片 80%以上的市场份额。SIGFOX 芯片技术也主要由欧美企业掌握，主要芯片供货商包括 TI、ST、Silicon Labs、On-Semi、NXP、Ethertronics、Microchip 等。另外，我国 LPWAN 安全技术和产品创新能力不足，整体安全解决方案提供商数量较少。"十三五"时期，我国 LPWAN 产业目标是迈向中高端，低功耗广域网中的芯片、设备、数据服务都在规划目标之列。

（3）物联网安全问题凸显。

一方面，与传统物联网相比，LPWAN 物联网在实际应用中拥有海量终端设备及轻量级嵌入式系统，任何微小的安全漏洞都可能引发巨大的安全事故。基于 LoRa 和 NB-IoT 物联网主要的安全威胁来自感知层终端设备。如固件代码植入、任意代码执行、弱加密算法、设备绑定漏洞、DoS 攻击、固件升级检查等。目前，许多 LPWAN 物联网终端设备的安全处理能力非常低，很容易成为黑客攻击目标。在传输层，LPWAN 物联网终端设备主要采用不稳定的无连接的 UDP 传输层协议向基站发送数据，存在通信劫持的风险。另一方面，LoRa 等 LPWAN 技术使用非授权频段，且核心标准掌握在其他国外企业手中，难以在涉及国家网络信息安全的行业中完全实现自主可控，网络信息安全无法保障。

（4）垂直行业应用尚未普及。

LPWAN 不仅仅是单一市场，而是包含了智慧城市、智慧农业、智慧工业、智能抄表、智能停车、车辆追踪、智慧社区等所有垂直行业应用领域。目前，我国 LPWAN 垂直应用行业主要集中在智能抄表、智能停车、资产跟踪、智能农业、智能医疗等领域。例如，深圳水务已正式商用智能水表；上海正式安装并上线试运行 NB-IoT 智能燃气表；东莞市政府已推出空污感测、智慧停车等应用情景等。随着 LPWAN 与国民经济各行各业的融合，终端呈现多样化特征，进一步拉长物联网应用的长尾部分。但目前我国 LPWAN 的市场应用还处于试点示范和推广阶段，应用种类单调，商业模式远不够成熟，缺乏面向普通公众用户的各类个性化应用，垂直行业应用还远未普及。

三、对策建议

（1）统筹不同制式的低功耗广域物联网协同发展。

一是规范顶层设计，针对不同制式的低功耗广域物联网产业发展做好政策性指导。例如，对基于蜂窝和非蜂窝的 NB-IoT 等产业链各环节发展适时制定相应的规划和指导意见等。二是强化与各企业的需求对接，针对低功耗广域物联网生态圈打造广泛征求芯片／模组供应商、网络设备商／运营商、互联网平台企业及相关其他企业的意见，增强相关政策的科学性和合理性。

（2）加强低功耗广域物联网核心技术攻关。

一是研究建立国家低功耗广域物联网产业专项资金，通过委托贷款、股权投资等多种手段相结合，吸纳更多的社会和金融资本投向低功耗广域物联网相关核心技术领域。二是强化低功耗广域物联网配套政策引导，鼓励低功耗广域物联网产业上下游企业与国内科研院所、高校等单位的交流合作，共同研究突破关键技术。三是进一步完善物联网核心技术知识产权布局，完善国家层面的知识产权体系建设，尤其是高端芯片、模组研发及核心生产相关技术等环节，力争将高增值环节的"根基"留在国内。四是针对传感器芯片制造等我国在海外市场遭遇专利诉讼的高发领域，提前做好前瞻性战略布局。

（3）推进物联网安全保障体系建设。

一是加大政策保障力度，广泛开展调研和需求分析，针对低功耗广域物联网终端部署、网络运行、数据采集及处理等各环节的安全性问题进行全面总结，梳理重点、难点、前瞻性问题，以及亟需解决的突出问题。二是针对蜂窝、非蜂窝低功耗广域物联网技术行业不同层面的安全问题，如传感器节点、传输信道、数据处理平台等，有计划、分阶段进行研究，强化顶层设计，制定相应的政策保障措施，规范低功耗广域网络的安全运行机制。

（4）加快低功耗广域物联网商业化进程。

一是结合企业需求，强化 NB-IoT 等在典型垂直行业领域的试点应用效果跟踪，对应用过程中出现的壁垒性问题进行研究分析，提出指导性意见或解决方案。二是出台一系列配套政策，鼓励相关企业对现有试点场景进行优化或者扩展新的垂直行业应用场景，推动 NB-IoT 规模化商业进程。三是相关巨头企业（阿里巴巴、百度、华为等）结合自身发展需求，继续强化与产业链上下游企业的多方合作，共同开拓新的行业应用场景，助力产业落地应用。四是企业联盟统筹协调各方资源，针对低功耗广域物联网细分领域行业应用（智能家居、智慧城市、智慧农业等）定期发布相关白皮书，增强竞争影响力。

第四章

无线电管理专题

第一节　无人机①

一、无人机发展现状

民用无人机主要包括个人消费和专业应用两级。我国民用无人机市场经历了几十年的发展，其特点已逐渐由规模小、增长慢、倾向专业级逐步转变为规模大、增长快、倾向消费级。目前，国内个人消费级无人机占民用无人机总数量的95%以上。

近年来，我国民用无人机产业发展迅猛，在消费级无人机领域占据全球领先优势，已成为中国制造的新名片。在消费级无人机领域，企业发展形成明显优势。例如，深圳大疆创新公司（以下简称"大疆"）的无人机产品已占据全球70%以上市场份额，且80%以上用于出口。在专业级无人机领域，企业创新能力不断增强。例如，AEE 一电科技研发的中大型民用无人机不断填补产业空白。消费级无人机已成为热点消费电子产品，专业级无人机也在迅速取代有人飞机作业，无人机产业持续受到市场关注。

2011 年，以大疆为代表的消费级民用无人机企业迅速崛起，开始在全球消费级无人机市场占领主导地位。2014—2017 年，我国民用无人机不断受到资本市场及社会舆论的广泛关注。互联网数据中心（IDC）预测，2019 年全球无人机市场将达到390多万台，而我国无人机市场将达到300多万台。大疆预计，到 2020 年，民用无人机产业规模将超过 400 亿元，年产量和国内保有量

---

① 周钰哲：《无人机无线电管控技术研究》，《数字通信世界》，2018 年。

将超过 400 万台。据相关市场研究机构预计，到 2025 年，国内民用无人机市场规模将达到 800 亿元。可见，未来对无人机的管控将成为管理部门必须面对的问题。

二、民用无人机管理现状

为了管好民用无人机领域，国家空管委、中国民用航空局、中国人民解放军空军、公安部、工业和信息化部等部门分别出台了一系列无人机监管政策和管理手段，对无人机的飞行管理、空域使用、高度限制、实名登记、频谱管理、航空经营活动的准入管理、整治对象等方面做出了规定。

2015 年 3 月，《工业和信息化部关于无人驾驶航空器系统频率使用事宜的通知》发布，根据《中华人民共和国无线电频率划分规定》及我国频谱使用情况，规划 840.5-845MHz、1430-1444MHz 和 2408-2440MHz 三段频段用于无人驾驶航空器系统。840.5-845MHz 频段可用于无人驾驶航空器系统的上行遥控链路，其中，841-845MHz 频段可采用时分方式用于无人驾驶航空器系统的上行遥控和下行遥测链路，1430-1444MHz 频段可用于无人驾驶航空器系统下行遥测与信息传输链路。其中，1430-1438MHz 频段用于警用无人驾驶航空器和直升机视频传输，其他无人驾驶航空器使用 1438-1444MHz 频段。2408-2440MHz 频段可作为无人驾驶航空器系统上行遥控、下行遥测与信息传输链路的备份频段。

2017 年 6 月，中国民用航空局宣布实施的《民用无人驾驶航空器实名制登记管理规定》要求对 250 克以上（包括 250 克）的民用无人机制造商和民用无人机拥有者进行网上实名登记。登记信息包括无人机持用人、企业单位、事业单位和机关法人等事项，其中个人用户需要填写真实姓名、性别、证件类型及号码、地址、手机号、电子邮箱等信息，用户注册登记后需要将含有用户及无人机信息的登记标志粘贴在对应的无人机上。

2018 年 3 月，由国家空中交通管制委员会办公室组织起草的《无人驾驶航空器飞行管理暂行条例（征求意见稿）》完成意见征求。该《条例》对无人机分类、无人机驾驶员资质、飞行区域、飞行方式、法律责任等进行了明确规定。

2018 年 6 月，《民用无人驾驶航空器经营性飞行活动管理办法（暂行）》正式实施。该《办法》在《民航法》框架下，规范了无人驾驶航空器从事经营性通用航空飞行活动的准入要求和监管要求。

三、民用无人机管理面临的挑战

（1）无人机违规用频导致干扰频发。

无人机无线电干扰事件频发。市场上的民用无人机的使用频段为 328-352MHz、400-449MHz、560-760MHz、900-933MHz、1340-1400MHz、1670-1730MHz、2.4GHz、5.8GHz，以上频段均有使用，用频混乱。由于无人机飞行和用频的不规范，导致无人机系统间互相干扰和无人机对其他合法用频设备的干扰会扰乱电波秩序。例如，当无人机在同一地域或相邻区域同时使用时，无人机系统 A 的射频发射对无人机系统 B 的接收机来说就是一种干扰，如果无人机遥控信号被干扰，无人机又没有预装感知与规避机制的话，无人机可能会失控。2018 年 5 月 1 日，西安 1374 架无人机组成编队进行飞行表演，虽然获得了吉尼斯世界纪录认证，但由于部分无人机的定位系统在起飞后受到定向无线电干扰，造成其位置和高度数据异常，无人机编队表演未能圆满呈现预期效果。

（2）无人机"黑飞"威胁重要目标。

无人机的"黑飞"是指未经授权的无人机飞行，会对重要目标产生一定的威胁。一是威胁民航机场。由于对"低慢小"无人机识别比较困难，加之"低慢小"无人机在感知规避方面的配套设施不足，一旦进入机场净空，就会对民航飞机的安全运行造成巨大的隐患。无人机入侵民航机场事件不断出现，造成航班延误、飞机迫降等，不仅带来了巨大的经济损失，也给社会安全带来了负面影响。近几年来，深圳、绵阳、萧山、成都、重庆等各地机场先后发生了多起无人机进入净空区事件，导致数百余架次航班延误、取消、备降或返航，大量旅客滞留机场，使社会经济和人民生活遭受巨大经济损失。

（3）无人机违规飞行危害公共安全。

由于无人机目标小、隐蔽性强、具有一定载荷能力，有可能成为犯罪分子进行非法活动的工具。例如，运用无人机在人员密集区投放宣传单、爆炸物，以及运输毒品等违禁物品；由于无人机自身可能存在信息安全漏洞，使用无人机随意航拍可能侵犯他人隐私。同时，如果无人机因操作不当坠落还可能对地面人员和设施造成危害。例如，2018 年 5 月 9 日，某 1 岁男童在北京市通州区某一公园内玩耍期间，被一架突然坠落的无人机砸伤脸部，顿时鲜血直流，而肇事者是一名 14 岁的外籍男孩。可见，无人机违规飞行或成为犯罪工具，严重干扰了国家空防警戒秩序，给人民群众的生命财产安全带来了前所未有的挑战。

（4）法律法规、标准规范有待完善。

随着无人机产业的蓬勃发展，我国的法律法规和标准规范出现了一定的滞后性。目前，我国尚未形成完善的无人机法律法规和标准体系，关于制造、销售、使用、处罚等各个阶段的法规、标准等并不完善。例如，由于缺少资质审查，加之研发和生产无人机的技术资金门槛较低，大量企业涌入消费级无人机市场。在各大电商网站中均可任意购买消费级无人机，因此有关部门很难对销售渠道及购买行为进行有效监管。虽然早在2015年，工业和信息化部就发布了《工业和信息化部关于无人驾驶航空器系统频率使用事宜的通知》，规划840.5-845MHz、1430-1444MHz 和 2408-2440MHz 频段用于无人驾驶航空器系统，但实际上我国早期及目前的民用无人机使用频段覆盖了 UHF 频段、L、S、C 波段。因此，该项规定实施的事后监管也并未强制落实。由于无人机管控工作缺少顶层和更加细化的法律法规、标准规范的有力支撑，因此无人机这一新兴产业的有序发展也面临很大的困难。

（5）涉及部门众多，多方协作困难。

无人机具有消费类商品和航空器的双重属性，其管理工作涉及的部门、行业众多。例如，无人机的制造、进口需要工业和信息化部、海关等部门管理，其销售需要质监、工商等部门监督，其使用或对违法违规使用的查处则需要中国民用航空局、公安部、国家体育总局等多部门联合管理。由于对无人机各个生命周期的管理工作并没有有效的联合管理机制，工作难以有序承接、协调不通畅，容易造成管理工作出现漏洞、管理范围重叠、管理越权等问题。此外，如果要对无人机实施管控，需要军地间、部门间协作，涉及方面广、影响大，如果没有有效的协调、配合机制，可能导致管理部门"管不了、不敢管"的情况出现。

四、民用无人机的技术管控

要对民用无人机实施技术管控，就需要研究无人机正常运行所必备的常用技术，针对这些技术可采取相应的技术管控措施。

（一）无人机常用技术

无人机常用的关键技术主要包括动力技术、导航技术、通信技术、控制技术、计算技术等。无人机与无线电管理的密切相关之处在于导航技术和通信技术。

（1）无人机导航技术。

无人机导航技术主要用于无人机的定位、测距、测速等。目前，无人机系统采用的定位技术主要包括卫星系统（如 GPS、北斗、伽利略、格洛纳斯等）载波相位定位、多信息源定位、超宽带定位等。例如，无人机利用自身导航模块接收卫星不断广播的导航信号即可确定自身位置；无人机跟踪技术主要为 GPS 跟踪和视觉跟踪；无人机测速通过内置陀螺仪、加速度传感器等完成；无人机避障主要通过超声波、激光、雷达、视觉的方式实现。

（2）无人机通信技术。

无人机的外部通信技术主要依靠无线电技术实现，用于控制链路、数据链路、多媒体链路的信息传输。通常，无人机接收地面操作者通过控制台发送的遥控信号进行飞行，同时将自身飞行状态、拍摄的图像或视频回传给控制台，供无人机操作者参考进行飞行姿态调整或是数据存储等后续操作。主流的通信方式为卫星通信、UHF 及 L 等频段超视距通信和 2.4G/5.8G Wi-Fi 直接通信，还有新型的利用公众移动通信技术实现的无人机通信。虽然无人机通信多采用跳频、扩频等技术，但由于无人机和操作者距离较远，通信信号较弱，容易受到干扰。

（二）无人机管控技术手段

近年来，无人机反制技术逐渐成熟，设备发展日益丰富。针对无人机常用技术，可有针对性地进行反制。

（1）无人机识别技术。

对无人机的识别是无人机无线电管控的首要步骤，只有在准确发现、识别目标的基础上，才能有针对性地对目标无人机进行无线电管控。通常，无人机识别技术包括雷达探测和无线电监测两种。雷达探测技术通过利用电磁波在传播过程中遇到障碍物时发生反射来实现对无人机目标的发现。雷达探测技术通常采用 S、X、Ku 波段的电扫描雷达，有效探测距离可达几千米，且不受无人机型号的影响。无线电监测技术通过利用无人机或地面控制台发射的无线电信号等发现无人机或地面控制台目标。无线电监测技术通常采用固定或移动式无线电监测设备识别无人机信号。该技术对无人机的有效探测距离一般在 1 千米以内，且不受无人机型号的影响，监测设备可按需部署。

（2）无人机追踪技术。

采用雷达探测和无线电监测等技术发现疑似无人机目标后，需要进一步对目标进行确认。确认为目标无人机后，下一步就是对目标的无线电定位测向，以实现对目标飞行方向的预测和持续追踪。无线电定位技术通过利用多个无线电监测设备对目标无人机进行测向后，采用交叉定位、**TDOA** 定位等方式确定目标无人机的位置、运动方向等，从而实现对目标无人机的实时追踪。无人机将采集到的信息通过无线电信号回传至控制台或其他用户终端，从而可以针对无人机的回传信号进行专项监测，定位无人机发射信号源。基于相同原理，通过监测控制台向无人机发射的控制信号，还可实现对无人机操作者的定位。

（3）无人机管控技术。

可疑无人机被确定为管控目标无人机后，可采取物理摧毁、生物抓捕、无线电干扰压制等手段使目标无人机无法继续工作。这里主要介绍三种无线电干扰压制手段。一是无线电干扰压制控制信号，对控制台向无人机发射的单向控制链路进行大功率干扰或解码接管，可使无人机分辨不出控制信号，从而无法接收操作者指令，进入安全模式迫降、返航，或者只能接收管控者的指令，由管控者控制其降落到指定地点。二是无线电干扰压制导航信号，对卫星广播的定位、导航信号进行干扰或欺骗，可使无人机无法获取自身当前位置信息或者获取的是虚假的位置信息，使无人机无法平稳飞行甚至坠毁或是飞行到指定地点。三是无线电干扰压制数传信号，即干扰无人机向终端反馈的数据信号，破坏无人机回传的数据、图像、视频等信息，达到保护隐私和信息安全的目的。

五、民用无人机管控政策建议

（1）加快建设法规标准体系。

建议进一步完善无人机相关法律法规和制造、使用等标准规范体系。一是通过立法调研，明确法律主体的权利、义务关系和法律责任。利用法律赋予的更加明确的职责和权力，管理部门应当进一步细化无人机监管要求，从而对无人机行业进行有效的监管和指导，并对违法活动进行严厉惩处和打击。二是加快制定和发布国家和行业的民用无人机制造和使用标准规范，立足产业发展，扶持企业和机构加入无人机制造和使用标准技术研发行列，研究发展我国民用无人机的管理措施及相应的政策、标准体系等，规范民用无人机系统相关通信设备的生产和使用，整顿用频秩序，保护用户信息安全等，促进无人机产业的有序发展。三是针对当前无人机实名登记工作的漏洞，通过加强登记环节对无人机用户信息真实性的核验，以及加大对未按照规定进行无人机实名登记与粘贴标签的惩罚力度，保持溯源力，防范利用无人机进行隐蔽的违法违规活动。

（2）多种管控技术手段并用。

当前的无人机管控技术依然存在诸多挑战。例如，无人机体积小，可随时起飞和降落，易操控，可按预设航线自主飞行，其采用的通信技术和抗干扰技术多种多样并且不断发展升级，导致对无人机信号的探测和识别难度增大。由于对目标无人机的识别存在困难，进一步导致了对无人机从发现到处置的时间、压制效果等要求更加苛刻。因此，仅仅采用单一的无人机发现、定位、压制技术不能精准、有效、可靠地完成对目标无人机的管控。而采用多种无人机发现、定位、压制技术对无人机进行管控将是未来工作的发展趋势。通过运用多种技术、设备的协同工作、优势互补，可进一步提高对目标无人机的发现概率，降低对无人机的误识别率，减少压制过程中对其他无线电设备和用户的干扰，从而实现对无人机的全时段、全区域的多维识别、实时追踪、可靠压制。

（3）探索创新管控技术手段。

建议国家支持科研院校和企业针对无人机安全性提升、关键技术补齐、管控技术应用等创新攻关。优化传统无人机管控技术，完善空中无线电监测手段，同时探索新型管控手段和措施。在主动管控方面，针对合作式无人机，应加快研发轻小型航管设备，通过协议管控的友好方式，实现自上而下的监控；针对非合作式无人机，应着重提高导航、定位精度，探索其他技术阻断手段，实现自下而上的发现、定位、压制，对无人机进行迫降、抓捕或者物理摧毁。在被动管控方面，通过采用设置电子围栏、划设禁飞区、干扰数据链路传输等方式，阻止无人机完成相关的违法违规活动。此外，探索将传统的无线电监测网、移动通信网、互联网等相结合的方式，综合多种管控手段，加强对无人机的实时预警、识别和监管能力。

（4）强化无人机监管平台建设。

建议建设各类功能互补的无人机监控平台，并可实现互联互通、数据共享，从而依法对民用无人机开展飞行申报、航线审批、位置监测、应急处置等工作。例如，无线电管理机构可在传统监测网络和监测技术的基础上，通过探索创新、利用先进的无线电监测技术，提升对无人机的探测、预警能力，实现对无人机违规飞行活动的监管。同时，该平台能够与民航、公安等相关部门已有的各类无人机管控平台对接，共享数据和管控资源。综合效果是从对目标无人机的精准识别上，引导各部门联动和协调管控设备工作，在最大限度地减小对周围电磁环境造成干扰等影响的基础上，对违规飞行的无人机进行精准压制，进而有效维护空中电波秩序，充分保障国家、社会安全。

第二节　对我国"网络中立"管制政策的思考①

一、"网络中立"概念的内涵

有关"网络中立"（Network Neutrality）理念的阐述，最早可追溯到 1860 年的《太平洋电报法案》（*Pacific Telegraph Act*），该法案认为"任何来自个人、公司、组织或被电报网络连接的任何固定节点的信息，都应该按照信息的接受规格公正地传播，除非政府给予其优先传播权"。随着电信业和互联网业务的快速发展，从二十世纪九十年代后期开始，利益攸关方对"网络中立"的争论愈演愈烈。当时因有线运营商借由互联网接入服务强制搭售内容服务，并对竞争对手采取屏蔽等手段，引发了美国学术界的广泛讨论，诸如美国哥伦比亚大学媒体法律学吴修铭教授、斯坦福大学法学院的马克·莱姆利和劳伦斯·莱斯格等专家都加入了这场讨论。其中以 2003 年吴修铭发表的论文《网络中立，宽带歧视》（*Network Neutrality，Broadband Discrimination*）最为著名，该论文首次正式阐述"网络中立"理念，即互联网服务提供商（ISP）必须以高度统一的开放性，一视同仁地服务于所有内容、网站及平台等，禁止 ISP 为了商业利益对不同的内容人为设置传输数据优先级，从而最大化地避免网络信息传输受到人为干扰。"网络中立"理念的价值核心在于促进网络有效地服务于所有客户群体，同时保证其享受服务、内容和应用的合法性、公平性与自由性。

二、近年美国"网络中立"政策的变化

2005 年，美国联邦通信委员会（Federal Communications Commission，FCC）发布《互联网政策声明》（*Internet Policy Statement*），提出网络中立"四项原则"，站在消费者的角度上规定了互联网的公平操作。

2009 年 7 月，康卡斯特（Comcast）起诉 FCC 裁决违反"网络中立"。这项控告促使 FCC 加紧向公众推广"网络中立"立法理念，推动"网络中立"不仅仅停留在政策说明阶段，更是可以执行的具体法规。

2009 年 10 月，"网络中立"立法提案得到 FCC 全票通过，"网络中立"立法程序启动。

2011 年 1 月，FCC 内部通过《开放互联网指令》（*Open Internet Order*，以下简称《指令》）。该《指令》赋予了 FCC 介入互联网服务提供商网络管理领域及发起针对互联网服务提供商违约问题独立调查的权力。2011 年 9 月 23 日，

① 彭健：《关于"网络中立"政策的思考》，《上海信息化》，2019 年。

该《指令》正式对外公布，并于 2011 年 11 月正式生效。该《指令》公布后仅一周，美国电信运营商 Verizon 将 FCC 告上了法庭，要求判决《指令》无效。

2014 年 1 月，华盛顿特区上诉法庭对《指令》做出了否定判决，承认在目前的法律框架下 FCC 没有权力要求运营商执行"网络中立"原则。

2014 年 5 月，FCC 推出修订后的"网络中立"规则，相比 2011 年版，本次出台的规则允许网络服务提供商向互联网企业收取一定费用，并为互联网企业提供不同网速的分级服务。

2014 年 11 月，时任美国总统奥巴马要求 FCC 禁止 ISP 提供分级服务，并将宽带服务归类为公共事业范畴。2015 年 2 月 26 日，FCC 投票通过奥巴马时代的《开放互联网指令》。宽带接入确定为需要进行严管的"电信服务"，接受更严格的管制。

2017 年 1 月 20 日，特朗普正式就任美国总统，联邦政府对于"网络中立"的态度出现了转变。4 月，FCC 发布推翻 2015 年"网络中立"法案的提议。12 月 14 日，FCC 以 3:2 的表决废除了 2015 年通过的"网络中立"规则。

三、我国"网络中立"原则下的三大问题

（1）电信运营商大规模网络持续建设压力凸显。

一是运营商价值进一步管道化，盈利能力下降。进入 3G 时代，机制灵活的互联网企业通过优质服务吸引了大量用户，逐步掌握了利益的分配权力，互联网的业务替代了运营商传统业务，电信运营商逐步变成流量的管道。而在"网络中立"原则下，互联网公司在运营商建设的网络基础设施上进行应用生态布局，让运营商自己向客户收流量费，从而将经营成本的相当一部分转嫁给运营商，运营商价值管道化的趋势进一步加剧。并且，随着国家网络提速降费相关工作的深入推进，客观上对运营商的营收和盈利能力造成了一定影响。根据国际电信联盟发布的 2016 年版《衡量信息社会报告》（*Measure the Information Society Report*），我国各项电信资费水平已处于全球中低水平，从侧面反映了我国电信运营商盈利能力下降的事实。二是近年来移动通信网络建设处于叠加期，资金需求量巨大。根据国外机构的研究数据，一张电信网络通常需要 7～8 年才能收回投入成本，国内运营商在 3G 网络商用后不到 5 年时间就开始建设 4G 网络，这意味着 3G 网络还未盈利时 4G 网络就已开始建设。从目前来看，国内 4G 正式商用不过 4 年时间，而国内 5G 网络建设也开始提上日程，并且 5G 需要上万亿元的投资，比 4G 还要多出 40%。如此巨大的资金投入，使运营商建设和运营的压力倍增。此外，一方面三大基础电信运营商均是

国企，担负着国家网络基础设施建设和实现电信普及服务的重任，但另一方面，基础电信运营商都是按照中国公司法注册设立的公司，而公司作为企业法人，其存在的基本价值在于对利润的追求，二者有一定的矛盾性。在多种因素影响之下，基础电信运营商大规模网络持续建设的压力进一步凸显。

（2）国内互联网巨头已形成事实上的资源垄断。

国内互联网市场有众多潜在用户群体及网络基础设施相对完善的独特优势，为国内互联网企业快速发展提供了肥沃的土壤。目前，国内已经有阿里巴巴、腾讯及百度等"巨无霸"互联网企业。尤其以腾讯和阿里巴巴为代表，中国互联网正在被人为地撕裂成两张网——分别属于腾讯和阿里巴巴。一方面，腾讯和阿里巴巴两大公司正在垄断用户互联网的"入口"和流量。根据中国联通于 2018 年 2 月发布的"沃指数"排行榜，在活跃用户数排行榜排名前十的 App 中，腾讯系占 6 款（微信、QQ、腾讯视频、搜狗输入法、腾讯手机管家、QQ 音乐）、阿里系占 3 款（支付宝、手机淘宝、UC 浏览器）；而在月消耗流量排行榜排名前十的 App 中，腾讯系和阿里系共占 6 款（快手、微信、哔哩哔哩动画、新浪微博、优酷、QQ 音乐）。另外，根据 iiMedia Research 发布的《2017 年 12 月份中国 App 活跃用户排行榜（TOP1000）》报告，前十名除了百度系的爱奇艺视频，其余 9 大 App 均为腾讯系（6 款）和阿里系（3 款），可见目前腾讯系与阿里系确实已占据了互联网尤其是移动互联网用户"入口"的绝对优势地位。另一方面，腾讯和阿里巴巴两大公司依靠自身财力广泛布局，在一定程度上抑制了创新能力，互联网创业创新渐渐退化成财力比拼的"肉搏战"。根据网上资料整理，腾讯共投项目达 400 多个，阿里巴巴+蚂蚁金服共投项目约 250 个。而相同领域的互联网企业之间将不可避免地发生直接竞争，从最有名的滴滴和快的，到优酷和腾讯视频，再到之前的摩拜和 ofo，背后都离不开腾讯和阿里巴巴的站队支持，而最后竞争的核心往往会落到"烧钱"这一简单的竞争模式上。并且，不管二者谁赢到最后，都是背后的腾讯和阿里巴巴的胜利，这无疑会进一步加剧互联网资源的集中和垄断，不利于技术创新和市场竞争。

（3）国内互联网企业在网络基础设施建设中的参与度不足。

互联网企业通过互联网向用户提供各种应用服务的基础网络设施是由基础电信运营商提供的，其在不投资基础网络设施的前提下，获得了巨大的商业利益，而基础电信运营商却沦为"管道工"，这是一个建立在不公平利益分配上的商业模式。当然，我们国家目前由于制度和法律层面的限制，互联网企业进入或者参与网络基础设施的门槛较高，客观上影响了互联网企业参与网络基础设施建设的意愿。但要看到的是，目前国家已经在积极探索电信央企混改的道路，为互联网企业加入国家网络基础设施建设创造了机会。事实上，国外很多互联网企业即使没有电信业务运营牌照，在网络建设和技术创新等方面仍然投入了大量资源展开研究，体现了大型互联网企业对于"网络连接"的高度重视和创新自觉性。例如，微软在 2008 年开始投资研究电视白频谱（TV White Space），通过认知无线电等技术，建设超级 Wi-Fi，从而提高区域性宽带网络为更多用户提供服务的可能性，其目前已在美国等多个国家和地区开展试点；谷歌早前推出了 Project Loon 计划，旨在通过架设离地 20 千米的热气球，建立网络接入点，向覆盖区域提供互联网访问服务，其于 2017 年在波多黎各遭飓风玛利亚袭击后的通信网络重建中发挥了重要作用；2014 年脸书提出了一种使用高空无人机向地面发射网络信号的设想，旨在为运营商网络无法覆盖的偏远地区提供上网服务，目前已完成多次试飞试验。相反，国内互联网巨头将自身获取的巨大数字经济利益与国家网络基础设施的建设成果完全割裂，没有利用其强大的技术实力和雄厚的财力参与国内网络连接尚存问题的工作，而实际上国家网络基础设施进一步完善后的最大利益获得者正是互联网企业。

四、对策建议

（1）支持基于"网络中立"的互联网"全球共治"。

当前，以互联网为载体的网络空间已成为继"海陆空天"之后的"第五疆域"，全球化是互联网及网络空间的基本特征之一。互联网无边界、快速传播等特性，决定了互联网及网络空间的治理需要全球各方力量广泛参与和世界各国共同应对，建立一套科学完善的治理体系，实现全球共治。成立于 2006 年的联合国互联网治理论坛（IGF）是关于互联网治理问题的开放式论坛，标志着互联网全球治理的议题得到了国际认同。2016 年是全球多利益相关方在形式上共同参与互联网治理的标志时间点，互联网治理从此进入了一个全新的阶段，其特征是寻求互联网治理的解决方案。全球共治下参与决策的主体不是单一的国家和地区，为了保障共同治理的高效性和协作性，平等开放是必须坚持的原则。而"网络中立"的主要内涵之一就是平等开放。"网络中立"的理念从最开始倡导网络接入、网络内容和网络应用的平等开放，逐渐外延至 ICT（信息、通信和技术）生态上下游，对平台、增值服务和接口等同样强调平等开放。当今的互联网是世界的互联网，不存在某一个孤立国家的互联网。如今，互联网的全球治理所涉及的平等自由、安全隐私、数据连通等问题都是现阶段必须面对并解决的重要议题。"网络中立"之争为互联网全球治理方案提供了一个切入点，我国应支持基于"网络中立"的互联网"全球共治"，为全球共治下的互联网治理贡献中国智慧、先进理念及路径选择。

（2）探索制定中国特色的"网络中立"管制政策。

一是进一步完善与"网络中立"有关的法律法规。首先要在《中华人民共和国电信条例》（以下简称《条例》）中对"网络中立"的内涵和范畴做出相应的规定。目前《条例》中与"网络中立"相关的条款较少，主要体现在第三十七条："电信业务经营者应当及时为需要通过中继线接入其电信网的集团用户，提供平等、合理的接入服务。未经批准，电信业务经营者不得擅自中断接入服务。"在《条例》后续的修订中建议对"网络中立"的释义进行详细阐述。其次要加快《中华人民共和国电信法》（以下简称《电信法》）出台，制定《电信法》的根本目的是为了维护电信市场和互联网秩序，维护用户、电信运营企业及互联网企业的权益，保障电信业和互联网行业持续健康发展。通过在《电信法》中加入"网络中立"的相关内容，对监管部门制定相关规定和采取具体措施将提供强有力的法律依据。二是探索科学合理的分级服务收费机制。在国内电信基础运营商利润下滑而互联网企业却加速发展的今天，制定科学合理的分级收费机制会让互联网企业的巨大利润反哺到电信运营商的网络基础设施升级、改造和优化当中，反过来高性能的网络设施对电信运营商、互联网企业及用户都将是利好。此外，制定分级服务收费机制时切忌"一刀切"和矫枉过正，对于已在市场上占领绝对领先地位的互联网巨头可以适当调高收费系数，而对于初创和创新型微小互联网企业，应当另行制定鼓励创业创新的有关规定，如果确定该公司的项目符合有关规定，应在提供高级别互联网接入服务的同时减免分级服务收费。最终实现"注重基础、利益公平、鼓励创新、避免垄断、竞争充分"的中国特色"网络中立"原则。

（3）引导互联网企业参与网络基础设施建设。

一是以联通混改为契机，进一步研究互联网企业参与网络基础设施建设的路径。混改有助于产权多元化，能有效增强电信企业的综合竞争力。混改引入具有协同效应的互联网等战略投资者，改变"一股独大""一企独大"，重构电信市场竞争格局。通过与新引入的互联网等战略投资者在云计算、大数据、物联网、人工智能等领域开展战略合作，将电信企业在网络、客户、数据、营销服务及产业链影响力等方面的资源和优势与互联网企业的资金优势、机制优势、业务优势相结合，将现代化的企业管理机制和市场化的经营机制不断融入电信企业中。此外，混改有助于跨界融合，推动产业融合发展、业务创新。二是鼓励互联网企业加大通信网络技术的研发投入，形成国企、民企协同共研、共建、共享、共赢的网络基础设施建设新局面，进而实现国民资本的双赢。未来是物联网时代，网络通信和网络连接将逐步从人与人辐射至人与物、物与物的范畴，要在全国范围内实现全方位无缝覆盖并连接数百亿物体的超强网络，需要的不仅仅是传统意义上的蜂窝公众移动通信网络，而必将是涵盖多种通信技术并有机融合的泛在通信网络体系。引导互联网企业加入未来通信网络技术的研究行列，不仅能够壮大我国通信技术研究的主体力量，确保我国通信前沿技术的领先优势地位，更重要的是能够协同各方力量同步开展网络基础设施建设，进一步夯实我国从"网络大国"向"网络强国"演进过程中的网络基础。

第三节　无线电管理宣传

一、推动频率规划，助力 5G 产业发展

5G 作为近几年我国战略重点，是实现未来国民经济突破发展的重要引擎。2017 年 5G 作为政府报告内容呈现，"十三五"规划纲要明确提出要积极推进 5G 发展，2020 年启动 5G 商用。无线电频率是 5G 产业部署和发展的前提，无线电管理部门持续推进 5G 频率规划工作，取得一系列突出成果。

一是 5G 中频段频率规划占据国际先机。为解决频谱资源核心需求，推动产业布局，工业和信息化部统筹协调各方资源，通过频谱需求预测、电磁兼容和共存技术研究分析得出的结论，于 2017 年 6 月发布《公开征求对第五代国际移动通信系统（IMT-2020）使用 3300-3600MHz 和 4800-5000MHz 频段的意见》；2017 年 11 月 9 日，《工业和信息化部关于第五代移动通信系统使用 3300-3600MHz 和 4800-5000MHz 频段相关事宜的通知》正式发布，我国成为率先在国际上发布 5G 系统在中频段内频率使用规划的国家。二是同步推进 5G 高频段频率规划。2017 年 6 月，工业和信息化部公开征集 24.75-27.5GHz、37-42.5GHz 或其他毫米波频段用于 5G 系统的意见，推动 5G 高频段频率使用规划工作；2017 年 7 月，工业和信息化部批复 4.8-5.0GHz、24.75-27.5 GHz 和 37-42.5GHz 等 5G 技术研发试验频段，助推 5G 高频产业试验工作；2018 年 9 月，工业和信息化部召开 5G 毫米波频段频率规划工作专题会，针对 5G 毫米波重点频段的兼容性分析、相关业务需求，以及如何统筹考虑空地无线电频率协调使用，支持产业发展等事宜进行专题讨论；2019 年 2 月，《2019 年全国无线电管理工作要点》发布，明确指出适时发布 5G 系统部分毫米波频段频率使用规划，引导 5G 系统毫米波产业发展。三是进一步完善 5G 系统新增频率划分政策体系。2018 年 7 月 1 日，最新修订的《中华人民共和国无线电频率划分规定》

施行，为 5G 系统新增 600MHz 频率划分，做好频率资源储备，助推 5G 行业中长期有序、健康发展，提升产业各环节的国际话语权。

二、推进无线电立法，完善无线电管理法律法规体系

为合理开发和有效利用无线电频谱资源，我国已初步形成了无线电管理法律法规体系。在国家层面，国务院、中央军委于 1993 年颁布、2016 年修订了《中华人民共和国无线电管理条例》（以下简称《无线电管理条例》），2010 年颁布了《中华人民共和国无线电管制规定》。为落实上述行政法规的有关规定，工业和信息化部已经出台了《中华人民共和国无线电频率划分规定》《无线电频率使用许可管理办法》《无线电台执照管理规定》等部门规章。在地方层面，全国已有近三十个省（自治区、直辖市）出台了无线电管理地方性法规或政府规章，《无线电管理条例》修订实施后，已有十几个省（自治区、直辖市）启动了无线电管理地方性法规、规章的修订工作，进一步加强了规章制度建设。这些法规、规章的出台为我国无线电管理工作的开展营造了良好的法制环境，有利于无线电管理日趋科学化、法制化、规范化。

目前，工业和信息化部在全面贯彻落实新修订的《无线电管理条例》各项制度的同时，也在积极推动无线电管理领域立法的各项工作。为了更加突出无线电频谱的资源属性，更好地合理开发和有效利用无线电频谱资源，工业和信息化部将无线电管理相关立法名称统一为《无线电频谱资源管理法》，并开展相关工作。随着这些工作持续深入，《无线电频谱资源管理法》出台的时机日趋成熟，我国无线电管理法律法规体系也将日趋完善，人大代表提出的《关于加快制定<无线电法>的建议》的相关内容也将在《无线电频谱资源管理法》中体现。

三、提升无线电法制管理，推动法制建设

随着移动互联网、智慧城市、物联网等新一代信息技术的深入发展，无线电应用种类和设备数量极大增加，无线电波受到各种新型有害干扰的可能性也在不断增加，电磁环境空前复杂，无线电法律法规的制定和修订频率亟需加速，以适应不断变化的新形势、新需求。近年来，受到大量有害干扰的既有航空无线电导航、高速铁路列车调度等重要的专用无线电通信系统，也有广播电视、公众移动通信等国家基础无线网络。

2016 年颁布的《中华人民共和国无线电管理条例》（以下简称《条例》）是无线电领域的顶层制度设计，对无线电管理的重要制度都做了基本规定，是指导和规范我国无线电管理最重要的法律。《条例》结合无线电管理实际和技术

发展的需要，针对频率、台（站）、设备和秩序四个关键环节调整和完善了主要管理制度。但在具体的业务管理方面，仍然需要出台大量实施细则以加强《条例》的可执行性和可操作性。例如，在无线电发射设备管理方面，《条例》明确提出，销售已取得型号核准的无线电发射设备应当办理销售备案。但是，如何进行无线电发射设备销售备案管理，还需要进一步细化。

工业和信息化部在《条例》修订发布以后陆续出台了多部部门规章和规范性文件，有力地推动了我国无线电管理领域的法治建设。在频率管理方面，发布了最新版《中华人民共和国无线电频率划分规定》，出台了《无线电频率使用许可管理办法》《无线电频率使用率要求及核查管理暂行规定》，制定了我国5G、NB-IoT、车联网等重要频率规划。在台（站）管理方面，发布了《卫星网络申报协调与登记维护管理办法（试行）》，起草了《地面无线电业务台（站）管理规定》公开征求意见。在设备管理方面，《微功率短距离无线电发射设备技术要求》《无线电发射设备销售备案实施办法（暂行）》出台。

四、六措并举，做好重大活动无线电安全保障工作

随着我国综合国力迅速增强和国际地位不断提升，我国对举办重大政治、经济、外交、体育赛事等方面的要求越来越高。历次重大活动的无线电安全保障任务涉及面广、管控对象复杂、筹备时间紧、保障工作任务重。经过对 G20 杭州峰会、丝绸之路拉力赛、"一带一路"高峰论坛、厦门金砖会晤、党的十九大、上合组织青岛峰会、中非论坛北京峰会无线电安全保障筹备期工作的支撑，为保障党和国家重大活动的平稳举行，为保证无线电安全保障工作更加高效、规范、科学地完成提供了帮助。

重大活动期间无线电管理的经验和做法总结：一是通过制定与完善无线电安全保障工作方案，为安全保障工作实战阶段提供有力指导和标准规范。二是通过建立协调运行机制，加强军队、外交、公安、广电、民航等有关部门的沟通协作，为无线电安全保障工作顺利开展打下了坚实的基础。三是通过高质高效地完成全部涉外临时频率使用申请指配工作，有力保障了与会外方、新闻媒体等的用频安全，为峰会的顺利举行做出了积极贡献。四是通过与公安、广电部门联合开展打击"黑广播""伪基站"专项行动和周边省市的无线电频率、台（站）清理整治工作，排查无线电干扰隐患，有效净化了电磁环境。五是实行扁平化管理，将保障工作重心下移到场馆，有效提高了保障运行效率和能力。六是针对各种可能的无线电风险制定相应的应急预案，指导工作人员按照规则有序、及时地处理无线电安全隐患，确保保障工作万无一失。

政 策 篇

第五章

重点政策解析

第一节 《关于促进和规范民用无人机制造业发展的指导意见》解读[①]

无人机系统包括无人机和配合无人机运行的装置和设备。我国民用无人机制造业的发展尚处于初期阶段,民用无人机企业中很大一部分是航模生产企业转型而成的。随着国家信息化建设不断深入和相关产业发展,民用无人机(尤其是消费类无人机)制造业逐渐得到了重视,我国已逐渐加大对民用无人机的研究、制造投入,这对我国民用无人机形成产业链的发展至关重要。

一、出台背景

无人机的快速发展必然会导致一系列日益突出的问题,如不同研制生产厂家、不同型号的无人机采用的标准体系不尽相同,产品质量功能的检测认证体系并不健全,管理部门对应的安全监管手段相对滞后等。

无人机系统应用领域广,涉及经济、社会、国家安全等诸多领域。在民用无人机产业迅速发展的同时,无人机用频混乱(UHF、L、S、C 频段均有使用)、"黑飞""乱飞""入侵"等干扰民航、军航的事件频发,严重威胁公共和国家安全,甚至会侵犯信息安全,引起了社会的广泛关注。

为促进和规范民用无人机制造业发展,支撑我国民用无人机系统的快速发

---

① 赛迪智库无线电应用与管理形势分析课题组:《2019 年中国无线电应用与管理发展形势展望》,《中国计算机报》,2019 年。

展和广泛应用，避免已暴露的诸多问题带来的有害后果，保障和促进我国无人机产业良性有序发展，工业和信息化部发布了《关于促进和规范民用无人机制造业发展的指导意见》（以下简称《指导意见》）。

二、《指导意见》与无线电管理的关系

《指导意见》提出了"坚持市场主体，政府引导""坚持创新驱动，标准规范""坚持安全发展，技术管控"的基本原则，明确了产业发展的两个阶段目标，并在主要任务中强调"强化频率规范使用"。因此，《指导意见》与无线电管理具有不可分割的关系和重要意义。

（1）加强频率管理。

《指导意见》要求"科学规划无线电频率资源，统筹民用无人机用频需求，进一步加强民用无人机的无线电频率使用管理"。首先，工业和信息化部于2015年出台了《无人机系统频率使用事宜》，以《中华人民共和国无线电频率划分规定》（2014版）为指导，在充分的技术研究与需求论证的基础上，规划了840.5-845MHz、1430-1446MHz和2408-2440MHz三个频段用于无人机应用，既保证了频段的合法性，又保证了业务适用性，为规范和引导无人机制造生产和用户使用无线电频率提供了依据，符合《指导意见》要求。其次，工业和信息化部无线电管理局有针对性地进行了民用无人机的无线电频率占用度监测统计，后期还将对无人机无线电频率使用情况的统计逐步规范化、常态化，目的是掌握已分配频率的实际使用情况，为实时监测无人机使用、事后分析频率规划的有效性、实现频谱资源的高效利用提供基础。

（2）加强无人机管控。

《指导意见》要求"研究制定民用无人机无线电管理相关规定，加强民用无人机及无人机反制设备无线电管理相关工作"。首先，无线电管理机构在无人机管理工作中基于无线电管理职责，应当发挥技术特长优势，结合地方法律法规和无线电管理机构在此项工作中的工作范围、管理界限和权力边界，使用合适的监控技术手段，在职责范围内积极配合和协助空管、民航、公安等单位开展工作。其次，各地无线电管理机构要加强基础设施建设，统筹规划，提前做好无人机监控相关预研工作。在此基础上，适时出台民用无人机无线电管理规定、无人机监控平台建设指导意见、无人机反制设备使用规范等一系列相关政策措施，规范管理标准，有效维护空中电波秩序，促进无人机安全、合法使用，推动无人机产业健康、有序、良性发展。

三、无线电管理方面的落实建议

在无线电管理方面落实《指导意见》的几点建议如下。

（1）鼓励管控技术创新。

有效开展无人机无线电监控工作，结合现有无线电监测网基础增加无人机频率监测能力。在实施技术方面，主动管控可采用两种方式：一是针对具有身份识别芯片的无人机，可采用协议管控手段，实现对无人机自上而下的监控。二是针对不具备身份识别芯片的无人机，可利用现有无线电定位和技术阻断手段，实现对无人机自下而上的发现、定位、压制。被动管控可采用设置电子围栏、划设禁飞区等方式实现。

（2）加快法规标准体系建设。

加快制定和发布国家和行业的民用无人机制造和使用标准规范，立足产业发展，扶持国有企业和机构加入无人机制造和使用标准技术研发行列，研究发展我国民用无人机的管理措施及相应的政策、法规、标准等规章制度，规范民用无人机系统相关通信设备的生产和使用，规范频率合理使用，整顿用频秩序，促进产业有序发展，积极参与国际标准竞争等。

（3）加强无人机监管平台建设。

无线电管理机构应当加强无人机监控平台建设。在传统监测技术的基础上，探索利用创新、先进的无线电监测技术，提高无人机的预测、预警能力，加强对无人机违规飞行活动的监管。同时，平台要具备可迁移性，可与民航、公安等相关部门联网共享数据，积极做到对无人机目标的精准识别，引导各部门联动和协调管控设备工作，在最大限度地减小对周围电磁环境造成干扰等影响的基础上，对违规无人机进行精准压制，进而有效维护空中电波秩序，充分保障国家、社会安全。

第二节　《无人驾驶航空器飞行管理暂行条例（征求意见稿）》解读

为实现对无人机的依法管理，国务院、中央军委空中交通管制委员会办公室起草了《无人驾驶航空器飞行管理暂行条例（征求意见稿）》（以下简称《条例》）。为广泛听取社会各界意见，在工业和信息化部网站开展《无人驾驶航空器飞行管理暂行条例（征求意见稿）》公开征求意见工作。《条例》正式对无人机系统、驾驶员、飞行空域、飞行运行等无人机涉及的诸多环节进行了规范，明确了法律责任和管理主体，对于结束当前无人机管理的混乱局面、推动无人机产业健康发展将具有极为重要的作用和意义。

一是有助于无人机安全飞行，减少安全隐患。近年来，无人机飞行导致了多起民航和高铁安全事件，引起媒体和公众对于无人机安全的关注。为此，《条例》将无人机飞行安全和重要目标安全作为本次立法最优先的重点之一，在产品质量、登记识别、人员资质、运行间隔等多个关键环节进行了明确规范，以降低安全风险。

二是有助于无人机产业创新发展。《条例》参考国际经验的同时，充分考虑了我国无人机产业快速发展的需求，尽可能简化流程，在无人机的分级分类管理、空域设置、飞行申请等方面进行了制度创新，对不同安全风险的无人机明确了不同的管理办法。《条例》放开了无危害的微型无人机，适度放开了较小危害的轻型无人机，简化了小型无人机管理流程，切实加强中型、大型无人机的管理。这些措施充分考虑了当前用于消费娱乐的无人机的飞行需求和安全风险，有利于促进产业健康有序发展，为无人机特别是民用无人机的发展保留了大量空间。

三是有助于形成对无人机的全面的闭环管理。《条例》以民用无人机运行及相关活动为重点，查找存在的矛盾问题，剖析症结根源，制定措施办法，起草条款内容，对于无人机全产业链和全生命周期进行规范。同时，依托无人驾驶航空器管理部际联席工作机制，明确界定职能任务，明晰协同关系，努力形成闭环管理，推动形成军地联动、统一高效、责任落实、协调密切的常态化管控格局。

第三节　《关于深入推进网络提速降费加快培育经济发展新动能 2018 专项行动的实施意见》解读

2018 年 5 月 11 日，工业和信息化部和国资委联合发布了《关于深入推进网络提速降费加快培育经济发展新动能 2018 专项行动的实施意见》（以下简称《意见》）。两部门从加快宽带网络演进升级、补齐宽带网络发展短板、加快释放网络提速降费红利、推动信息通信技术与实体经济深度融合、优化市场环境五方面提出 20 条具体意见，旨在提升信息通信业供给能力，促进数字经济发展和信息消费扩大升级，成为经济发展新旧动能转换的有力支撑。

一、4G 在宽带网络部署中将发挥更大作用

《意见》明确指出，增加 4G 网络覆盖广度和深度，新建 4G 基站 45 万个，

提高办公及商务楼宇、电梯等室内覆盖水平，提升铁路、公路沿线连续覆盖质量。从 2013 年（4G 元年）到 2017 年，我国 4G 在 4 年多的时间里实现了跨越式发展。根据工业和信息化部发布的《2017 年通信业统计公报》，2017 年我国 4G 用户总数达到 9.97 亿户，全年净增 2.27 亿户，在移动电话用户中的渗透率达到 70.3%，而去年同期这一数字为 29.6%。在数据流量承载方面，根据中国移动 2016 年 6 月发布的信息显示，4G 在整体网络流量中的占比已经达到了 86%。无论用户数量还是数据流量承载，都呈现出 2G/3G 网络业务量向 4G 加速迁移的明显趋势。随着《意见》的出台，在"宽带中国"战略深入实施和提速降费工作进一步推进的进程中，4G 网络部署的力度将持续加大，其在宽带网络尤其是无线宽带网络中的作用和地位也将更加突出。

二、多方面加快推动 5G 商用

《意见》明确指出，扎实推进 5G 标准化、研发、应用、产业链成熟和安全配套保障，组织实施"新一代宽带无线移动通信网"重大专项，完成第三阶段技术研发试验。据全球移动通信协会（GSMA）预测，到 2020 年，5G 将推动全球移动业务增长至 4.2 万亿美元。当前，国际标准化组织、运营商及设备商都在加速 5G 标准化和商用化进程。2013 年前后，中、美、日、韩等国开始陆续启动 5G 研发，以公认的 5G 商用元年——2020 年为节点，可以说 5G 研发已进入商用前的关键阶段。根据我国制定的 5G 网络商用路线图，我国 5G 基础研发测试在 2016 年到 2018 年进行。2017 年，我国已按照预定计划，完成了第二阶段的 5G 技术方案试验，面向 5G 的新空口无线测试工作已经顺利完成，华为、爱立信、中兴、大唐、诺基亚贝尔五家系统设备厂商参与测试，并验证了各自的系统技术方案的性能，进一步增强了业界推动 5G 技术创新发展的信心。2018 年，我国面向增强移动宽带、低时延高可靠、低功耗大连接三大场景，开展 5G 典型应用相关技术试验，促进 5G 业务与应用发展。同时，我国在 5G 频率规划、5G 产业布局及围绕应用创新做大做强 5G 生态体系等方面协同发力，力争抢占 5G 时代移动通信产业竞争制高点。

三、移动转售业务市场发展前景可期

《意见》明确指出，出台移动转售业务正式商用意见，加快移动转售市场发展。2018 年是移动转售业务试点的第五个年头，从试点情况看，试点预期目标基本达成，一批各具特色的民营企业进入了基础电信市场，促进了行业的创新和发展。截至 2017 年年底，移动转售企业累积发展用户超过 5000 万户，移动转售业务收入总额达到 48.2 亿元，间接经济贡献 104 亿元。政府主管部门在移动转售试点期间一直采取有效措施支持虚拟运营电信行业的健康发展，如通过不断追加码号资源分配，让资源紧张局面得到缓解；通过编制面向未来的移动通信网号规划，满足未来业务发展需求。此外，基础电信运营商不断完善与转售企业的对接工作机制，逐步扩大试点开放的本地网范围，主动根据市场零售价变化调整批发价格结算办法。此次《意见》的发布，意味着监管部门将更好地引导移动转售业务健康发展，我国移动转售市场将迎来新的发展机遇。

四、蜂窝物联网将加速向垂直行业应用和渗透

《意见》明确指出，推广物联网行业融合应用，加快完善 NB-IoT 等物联网基础设施建设，实现全国普遍覆盖。基于现有蜂窝网络的物联网技术已经成为万物互联的重要分支，其中 NB-IoT 与现有的 2G/3G/4G 蜂窝移动通信技术及Wi-Fi、蓝牙等短距离无线通信技术相比，具有更广泛的网络覆盖、更多的可接入连接数量、更低的终端功耗及更低的部署成本等优势，能够更好地满足专用行业、公共服务、个人和家庭等领域的应用。例如，水电燃气系统的智能抄表，市政路灯和垃圾箱智能管理，智慧农牧业及水、大气和土壤的环境监测。从 2017 年开始，物联网进入了快速发展的阶段，到 2021 年，全球物联网连接设备将达到 160 亿个，并在 2018 年全面超过手机终端数量。物联网市场中蕴藏着巨大的市场潜力，我国更是物联网发展的重要地区。到 2020 年，我国的 IoT市场预计将突破 2 万亿元。随着 NB-IoT 模块价格的降低、应用场景的丰富，以及产业链的不断融合发展，2018 年是物联网规模化应用落地集中爆发的一年。

第四节　新版《中华人民共和国无线电频率划分规定》解读

《中华人民共和国无线电频率划分规定》（以下简称《划分规定》）属于部门规章，主要用于规定我国国内各个无线电频段的划分，规范我国国内各行业、各部门的无线电频率使用，它不作为协调国际无线电业务的参考。当涉及国际无线电频率有关问题时，除双边另有协议外，应当按照我国在国际电信联盟（ITU）相关文件上签署的意见进行处理。

一、出台背景

在新版《划分规定》出台前，我国依次颁布了 1959 年、1965 年、1982 年、2002 年、2006 年、2010 年和 2014 年共 7 版《划分规定》。其中，后 4 次修订分别对应四次世界无线电通信大会（WRC），即 WRC-2000，WRC-03，

WRC-07, WRC-12。WRC 为适应无线电技术、无线电业务和经济社会发展对无线电频谱资源的需求，对 ITU《无线电规则》有关国际无线电频率划分规定进行了相应的修订。由于此前 WRC-15 也修改了部分《无线电规则》有关国际无线电频率划分的规定，而我国也已在 WRC-15 大会的最终文件上签字表明支持的立场，所以我国的《划分规定》需要进行对应衔接式的修订。经过修订的新版《划分规定》自 2018 年 7 月 1 日起施行。

二、修订过程

新版《划分规定》修订工作于 2016 年年初启动，工业和信息化部联合中央军委联合参谋部征求了国家发展改革委等 14 个部门、31 个省级无线电管理机构，以及多个行业研究机构、行业协会、产业联盟等单位的意见。通过召开全部用频单位协调大会和部分用频单位协调会，研究了频率划分方面的各单位意见和建议；根据需要成立了 21 个频率划分协调小组，在与相关单位充分协调并达成一致意见的基础上，形成了公开征求意见稿，后经进一步修订完善后发布。

三、主要修订内容

新版《划分规定》综合了《无线电规则（2016 年版）》有关全球划分、第三区划分的修订情况，WRC-15 议题的有关结论，国内无线电业务发展规划和现状，国内全部用频单位协调意见和建议，进行全面的修订。总体来说，新版《划分规定》修改和增加了部分"无线电管理的术语与定义"中的条目，修订了"无线电频率划分表"中涉及的 13 种无线电业务、110 个频段、210 条国际脚注、9 条国家脚注等。

新版《划分规定》的修订内容如下。

（1）业余业务：在 5351.5-5366.5kHz 频段增加次要业务，同时对业余业务电台在该频段的使用做出限制。

（2）卫星无线电导航业务：从 149.9-150.05MHz 和 399.9-400.5MHz 频段中删除。

（3）卫星水上移动业务：在 161.9375-161.9625MHz 和 161.9875-162.0125MHz 频段增加次要业务；在 7375-7750MHz 频段增加主要业务，同时对卫星水上移动设备在该频段的使用做出限制。

（4）卫星移动业务：明确 WRC 关于保护 406-406.1MHz 频段卫星移动业务的决议，适用于 403-410MHz 频段。在 1518-1525MHz 和 1668-1675MHz 频段，

删除次要业务，新增主要业务，同时对卫星移动业务电台在 1668.4-1675MHz 频段的使用做出限制。

（5）空间研究业务：明确 410-420MHz 频段可用于载人航天器与其他航天器进行空对空通信；明确保护 2200-2300MHz 和 8300-8400MHz 及 31.8-32.3GHz 频段的关于月球与深空空间研究业务。

（6）水上移动业务：明确船载通信电台可以使用 457.5125-457.5875MHz 和 467.5125-467.5875MHz 频段。

（7）卫星航空移动业务：在 1087.7-1092.3MHz 频段新增主要业务。

（8）航空移动业务：在 4200-4400MHz 频段新增主要业务，同时对机载内部无线通信系统的使用做出限制。

（9）卫星固定业务：在 5925-6425MHz、10.95-12.75GHz、14-14.47GHz、14.5-14.8GHz、19.7-20.2GHz、29.5-30GHz 频段，对相关业务和设备（如地球站）的使用条件做出限制和具体规定；在 5091-5150MHz 频段新增次要业务，同时对该业务的使用做出限制。

（10）卫星地球探测业务：在 7190-7250MHz 频段新增主要业务，同时对其使用做出限制；在 9200-9300MHz 和 10000-10400MHz 频段新增主要业务；在 9900-10000MHz 频段，删除次要业务，新增主要业务，同时对其在 9200-9300MHz 和 9900-10400MHz 频段的使用做出限制。

（11）无线电定位业务：在 77.5-78GHz 频段新增主要业务，同时对陆基短距离雷达的使用做出限制。

（12）移动业务：在 3300-3400MHz 和 4400-4500MHz 及 4800-5000MHz 频段，新增国际移动通信（IMT）使用权利，并明确了使用条件；在 3400-3500MHz 频段，删除次要业务，新增主要业务；在 22-22.5GHz 频段，修改了移动业务的使用条件。

（13）射电天文业务：在 73-74.6MHz 频段中新增部分地区射电天文业务，并对其中部分频段的保护区域进行了调整。

四、出台意义

频率的划分、规划、分配、指配是一个动态的过程，先进技术取代落后技术，高效技术淘汰低效技术是发展的必然，这种发展需要经过一定的过程，因此需要在较高的层面上提前考虑全局。新版《划分规定》是我国规划、分配、指配无线电频谱资源的基础。国家本着实事求是、适度超前的原则对其进行修订，既考虑了国际及国内无线电技术和应用的发展，也研究了国内各相关部门、行业对无线电频谱资源的中长期需求。例如，国际 5G 频率划分几乎完成并临近网络部署阶段，需要分配额外的频率资源并与空间业务频率完成划分协调；全球下一代卫星互联网发展迅速，空间业务频率资源紧缺，急需进行与其他业务的协调，优化使用频段等问题需要从顶层划分进行解决。新版《划分规定》符合我国频率资源使用现状，并对无线电技术和业务的未来发展提供保障，能够与我国的 5G、空间业务等频率和卫星轨道资源战略规划相辅相成。

新版《划分规定》的出台力求指导用频单位合理、有效、节约地使用无线电频谱资源。由于 ITU《无线电规则》也在不断修订完善，所以《划分规定》的修订过程同样是一个长期动态的工作。紧随 ITU《无线电规则》对《划分规定》进行及时修订，不但符合国际惯例，还能够实现协调平衡国内外各方的无线电频率资源使用、无线电业务发展利益等目的，既维护了我国在国际上的无线电频率资源使用权益，也规范了国内无线电设备的管理。

第五节　车联网（智能网联汽车）直连通信频段管理规定解读

为促进智能网联汽车在我国的应用和发展，满足车联网等智能交通系统使用无线电频率的需要，工业和信息化部发布了《车联网（智能网联汽车）直连通信使用 5905-5925MHz 频段的管理规定（暂行）》（以下简称《规定》）。车联网（智能网联汽车）直连通信是指路边、车载和便携无线电设备通过无线电传输的方式，实现车与车、车与路、车与人直接通信和信息交换。《规定》明确了我国相关频率管理、台（站）设备管理、干扰保护的原则及所用无线电设备的技术要求。

一、出台背景

智能网联汽车是国际汽车技术和产业发展的大趋势。智能网联汽车通过车与 X（人、车、路、云端等）的智能信息交换、共享，具备复杂环境感知、智能决策、协同控制等功能，最终可实现替代人的操作，是全球汽车行业发展的新业态，将推动汽车行业和人类出行方式进入新时代。随着人工智能、大数据、物联网、5G 等新技术产业化的快速发展，智能网联汽车的核心技术不断取得突破，基础支撑和产业生态日渐成熟，一个万亿元级的智能网联汽车产业正在形成。同时，智能网联汽车行业跨度大、应用范围广，它的发展还将带动智慧交通、智慧城市等迎来全新发展。

我国智能网联汽车产业发展已具备良好基础。《智能网联汽车技术全球专利观察》显示，中国的相关国际技术专利申请数量最多，占全球 3.2 万件专利的 37%，且集中在无人驾驶领域。北汽、上汽、长安、一汽、比亚迪等汽车厂商已在这一领域深耕多年，互联网企业、初创企业、汽车零配件企业等也纷纷涌入这一领域。

国际上，发达国家纷纷为智能交通业务分配专用频率。智能交通是新一代信息技术与传统汽车产业深度融合的产物，无线电频谱是其中不可或缺的关键资源。早在 1999 年，美国的 FCC（美国联邦通信委员会）就为智能交通业务专门分配了 5850-5925MHz 共 75MHz 的带宽。除了 5MHz 的保护带宽以外划分为 7 个 10MHz 的信道，分别为 1 个控制信道、2 个安全服务信道和 4 个非安全服务信道。欧盟在 2002 年就以非排他的形式为道路交通信息系统分配了 5795-5805MHz、3-64GHz 和 76-77GHz 三段频谱，2008 年又以专用频谱的形式将 5875-5905MHz 频段分配给智能交通道路安全业务使用，同时考虑将 5905-5925MHz 作为扩展频段使用、5855-5875MHz 频段以非排他的形式用于非道路安全应用。日本在二十世纪九十年代末便将 5770-5980MHz 用于道路交通信息系统和 ETC 业务，2012 年又正式决定将 755.5-764.5MHz 用于智能交通系统的安全业务。

二、出台依据和过程

新版《无线电管理条例》和《频率划分规定》是本次频率规划的主要依据。《中华人民共和国无线电管理条例》明确由国家无线电管理机构负责制定《无线电频率划分规定》，充分考虑了国家安全和经济社会、科学技术发展及频谱资源有效利用的需要，征求了国务院有关部门和军队有关单位的意见。依据 2018 年生效的《中华人民共和国无线电频率划分规定》，在 5900MHz 频段共有四种业务，分别是用于微波通信等的固定业务、卫星固定业务、定位业务和移动业务，这四种业务是平等的，移动业务划分是本次频率规划的基础。

《规定》的出台经历了充分的科学论证和严格的流程。近两年来，工业和信息化部批复了许多地方进行 LTE-V2X 实验。《规定》出台前又经历了一系列严格程序，通过了专家咨询论证，征求了国家发展改革委、科技部、公安部、交通部等相关部门的意见，向汽车行业、电信行业、互联网行业、社会公众公开征求了意见，在统筹考虑各方面意见的基础上发布了正式的《规定》。

三、主要特点

《规定》最主要的内容是明确将 5905-5925MHz 频段规划为基于 LTE-V2X 技术的车联网直连通信专用频率。车联网的无线通信主要为两大类，一类是车跟云之间的通信，主要是通过公众移动通信实现，包括导航、远程监控、信息娱乐等服务；另一类是车与车、车与路、车与人之间的直接通信。《规定》共十条，主要对车联网（智能网联汽车）直连通信的专用频率的频率管理、台（站）设备管理及与现有业务的干扰协调原则做了规定。

在频率和台（站）管理方面，主要针对该频段设置、使用路边无线电设备的行为开展管理。要求在该频段设置、使用路边无线电设备及建设运营车联网智能交通系统的，原则上应向国家无线电管理机构申请 5905-5925MHz 频率使用许可，向所在地的省（自治区、直辖市）无线电管理机构申请取得无线电台执照。

对于车载和便携无线电设备的用频和台（站）管理主要采取免许可的方式。《规定》明确使用车载和便携无线电设备参照地面公众移动通信终端管理，无需取得频率使用许可，无需取得无线电台执照。但所有生产或者进口在我国境内销售、使用的车联网（智能网联汽车）直连通信无线电发射设备，应按照有关规定向国家无线电管理机构申请并取得无线电发射设备型号核准证。

在干扰保护方面，明确不得对同频或相邻频段内依法开展的卫星固定、无线电定位、固定等无线电业务的现有台（站）产生有害干扰。原则上应分别距已合法使用的雷达站 7km 和卫星地球站 2km 以上。自 2022 年 1 月 1 日起，原则上不再设置 5905-5925MHz 频段内卫星地球站（测控站除外）。路边无线电设备受到有害干扰，由干扰发生地无线电管理机构按照"频带外让频带内、次要业务让主要业务、后用让先用、无规划让有规划"的原则依法协调解决。车载无线电设备和便携无线电设备原则上不应提出干扰保护要求。

在产业政策方面，鼓励发达地区先行先试。为支持国家经济特区、新区、自由贸易试验区等加快智能交通系统建设，按照适度超前、互联互通、安全高效、智能绿色的原则，在明确建设运营主体的前提下，可由省（自治区、直辖市）无线电管理机构报国家无线电管理机构同意后实施频率使用许可。

四、出台意义

一是有利于提高车联网（智能网联汽车）的安全系数。车联网直连通信最主要的用途是用于智能网联汽车的安全业务，目的是通过车与车、车与路、车与人之间的直接通信减少交通事故、加强车辆管理。使用专用频率有助于避免干扰，可有效提高通信的安全系数。

二是有利于引导我国智能网联汽车产业的发展。直连通信频率的确定，对于推动智能网联汽车发展非常重要，对我国智能网联汽车相关技术研发、试验和标准等制定及产业链成熟都将起到重要的先导作用。智能网联汽车车载和便携无线电设备免许可自由使用的规定体现了国务院"放管服"的要求，有助于做大做活这一产业。鼓励先行先试的政策也有利于先进地区加快智能交通系统建设并积累有益的管理经验。

三是有利于加快全球智能交通产业的成熟发展。采用 5900MHz 的频段有助于全球形成统一的智能交通频率，推动智能交通领域形成全球统一的大市场。

第六章

政策环境分析

第一节　无线电干扰投诉和查处工作进一步规范化

随着我国无线电事业的迅猛发展，以及无线电新技术、新业务的广泛应用，无线电台（站）数量急剧增加，无线电干扰现象也日趋严重，特别是对航空通信、水上通信等安全业务的干扰，直接威胁到社会稳定、国家安全和人民生命财产的安全。为了加强无线电干扰投诉和查处工作，规范无线电干扰查处工作程序，有效维护电波秩序，保护用频设台用户合法权益，2017 年工业和信息化部出台了《无线电干扰投诉和查处工作暂行办法》（以下简称《办法》），并于 2017 年 9 月 1 日正式施行。

在《办法》施行近一年的时间里，参考各级无线电管理机构、国家无线电监测中心在无线电干扰投诉和查处工作中总结的经验、遇到的困难和相关建议，工业和信息化部于 2018 年 10 月 8 日印发了《无线电干扰投诉和查处工作实施细则》（以下简称《细则》），《细则》进一步规范了无线电干扰查处工作流程，明确了工作要求和任务分工，提高了工作质量和效率。

《细则》规定，无线电干扰分为三个等级：第一级为危及国家安全、公共安全、生命财产安全及影响重大活动正常用频的无线电干扰；第二级为严重影响党政机关、民用航空、广播电视和水上业务部门等重要用户依法开展无线电业务的无线电干扰；第三级为其他无线电干扰。对于第一级无线电干扰，国家无线电管理机构应在受理后立即下达无线电干扰排查任务；对于第二级无线电干扰，国家无线电管理机构应在受理后 24 小时内下达无线电干扰排查任务；对于第三级无线电干扰，国家无线电管理机构应在受理后 48 小时内下达无线电干扰排查任务。

《细则》中明确的各项规定提升了无线电干扰查处工作的可操作性，有利于各级无线电管理机构依据干扰的等级统筹安排有限的人力、设备等资源，将无线电干扰可能产生的危害程度降到最低。

第二节　我国发放首张国产卫星移动通信终端入网牌照

2018 年 11 月，柒星通信科技（北京）有限公司获得了由工业和信息化部发放的卫星移动终端进网批文，这也是我国发放的第一张国产卫星移动通信终端入网牌照。该入网牌照的发放意味着我国已具备卫星通信业务的完整产业链，我国卫星通信业发展将进入新阶段。

卫星通信产业链条长，涉及的市场参与环节众多，主要包括移动通信卫星运营商、卫星制造商、用户终端设备制造商、发射服务商、监管机构、终端用户等。长期以来，我国缺失自主研发与运营的卫星移动通信网络，大多是租赁其他国家或组织的移动卫星通信系统来满足我国在个人通信、航空航海、救灾应急等方面的业务需求，使得我国在卫星移动通信方面受制于人。近几年，在政府、企业和研究机构的共同努力下，我国国内卫星通信产业链不断成熟，主要取得了以下几个方面的突破。

一是首颗移动通信卫星发射成功。2016 年 8 月 6 日，我国首颗通信卫星天通一号01 星发射成功。天通卫星移动通信系统是我国第一代自主可控的卫星移动通信系统。系统采用静止轨道卫星，覆盖我国土、领海范围，具有资源和设备自主可控、成本资费低、传输安全保密、设施抗毁性高、业务种类丰富、与公共网络互联互通等显著优势。

二是开放了卫星通信专用号段。2018 年 5 月 17 日，中国电信宣布开放 1740 卫星专用号段，并在青海省首先正式商用。其后，天翼电信终端公司及中国电信黑龙江、福建、湖北、广东、陕西等省份分公司陆续发布天通一号的手机、车载终端招标公告。

三是发放首张国产卫星移动通信终端入网牌照。伴随着首张进网许可证的颁发，我国卫星通信产业链布局基本完成。这标志着我国在卫星移动通信领域，摆脱了国外长期以来的技术封锁与限制，整个卫星通信产业实现了自主可控。

第三节　国务院提出加快 5G 技术商用

2018 年 10 月，国务院办公厅印发《完善促进消费体制机制实施方案

（2018—2020 年）》。方案提出加快推进第五代移动通信（5G）技术商用，进一步扩大和升级信息消费。

当前，5G 相关产业竞争已进入白热化阶段。在增强移动宽带服务方面，3GPP 5G 标准已率先落地，成为 5G 面向消费级市场的核心场景，是 5G 最成熟的"杀手级"应用。在物联网细分领域，由于 NB-IoT 等技术难以满足工业互联网等新兴领域超大规模连接、超高带宽、超低时延的特殊需求，为利用 5G 推进工业级应用提供了机遇。在车联网领域，5G 的高可靠、低时延特性满足车辆高速行驶过程中对感知、通信安全性、可靠性的极高要求，因此 5G 必将成为车联网的重要应用之一。与此同时，5G 产品也在向各种应用领域拓展，芯片、终端、网络、电信运营等产业链各环节悉数覆盖。华为、爱立信、诺基亚、中兴、高通、英特尔、中国移动等全球主流厂商也发挥各自优势，积极寻求合作。

作为未来 5G 连接应用的重要领域，车联网、物联网、工业控制、VR 等垂直行业相关企业将成为 5G 规模商用的新生应用力量。为加快推进垂直行业应用，应积极引导和鼓励车联网、物联网、工业控制、VR 等垂直行业相关企业开展跨行业协作，打造上下游生态环境。一是通过技术引导，推动 LTE-V 和 NB-IoT 市场，寻求商业模式、法律政策等问题的解决，为后续 5G 和垂直行业的融合应用积累发展经验。二是加大资金支持，鼓励垂直行业厂商进行 5G 应用测试，支持创业企业开发 5G 技术和应用，鼓励企业开展 5G 应用模式和商业模式探索创新。三是打破行业壁垒，推进典型场景 5G 试点示范和应用推广。联合各方共同开展 5G 应用场景研究验证，有序推动 5G 在超高清视频、VR、车联网、物联网、工业互联网等重点领域的应用。

热 点 篇

第七章

无线电技术与应用热点

第一节　我国无线电安全保障工作助力平昌冬奥会

2018 年 2 月 25 日，在韩国平昌举行的冬奥会闭幕式上，"北京 8 分钟"文艺表演成为人们瞩目的焦点。工业和信息化部无线电管理局与北京冬奥组委技术部密切配合，积极谋划、措施有力，圆满完成了文艺表演的无线电安全保障任务。

我国无线电安全保障的需求呈现不断增加的趋势。近年来，无线电安全保障工作受到中央和地方政府的高度重视，职责和任务不断增加，许多已演变为常态化的无线电管理工作。"黑广播""伪基站"和无人机针对民航、铁路的干扰事件频发，且技术手段趋于小型化、移动化，打击"黑广播""伪基站"的任务成为常态化工作且日益复杂。同时，考试保障、重大赛事、重大会议等无线电安全保障活动日益增多。

无线电安全的地位作用进一步上升。随着我国综合国力的迅速增强和国际地位的不断提高，国际间交流合作的广度和深度都有很大提升。我国举办和参与的重大经济、外交、文化、体育等活动不断增多，无线电安全保障范围越来越呈现出活动规模大、社会关注度高、受保障人数多、涉及部门范围广等特点。无线电安全对夯实国家安全基础，提升广大人民群众安全感的作用日益明显，对捍卫个人隐私、保护重要行业正常生产、巩固国防政治等多个方面都有重大意义，其国内和国际影响力持续增强，也越来越受到重视。

人们对无线电安全保障的技术要求越来越高。随着无线电技术和应用不断发展，无线电网络日益增多，台（站）数量大规模增长，无线电用频设备数量呈指数级增长态势，无线电通信技术逐渐向数字化、宽带化、高频段方向发展。传统的日常监控已经不能完全满足实际工作需求，需要建设无人机监控平台对信息进行实时报告和处理，这也对无线电安全保障智能化实时监控体系的全面建设提出了新要求。

第二节　NB-IoT 跨区域商业应用取得积极进展

移动物联网（NB-IoT）作为近年来低功耗广域网（LPWAN）关键技术之一，技术研发和商业化推进取得积极成果。2018 年 6 月，全球移动通信协会（GSMA）正式宣布，首次覆盖全欧洲地区的授权 NB-IoT 国际漫游技术测试顺利完成，可以提供数百万个低功耗广域网络连接的覆盖。该测试由德国电信（Deutsche Telekom）和沃达丰集团（Vodafone Group）共同合作完成，目前双方在欧洲已经拥有 51 个低功耗广域商用网络，试点效果非常明显。此次国际漫游测试的顺利完成为后续进一步完善授权 NB-IoT 在欧洲境内并扩展至其他区域的商用推广具有积极作用。

2018 年是移动物联网（NB-IoT）产业规模大爆发的一年。NB-IoT 国际漫游技术测试的成功为移动物联网可持续漫游开发领域的技术创新奠定了良好的基础。漫游相关技术直接影响 NB-IoT 设备的部署范围，从而对产业规模经济造成限制。本次测试针对网络漫游中的节能功能模式、位置导航及流量管理等问题进行了一系列标准化工作，对于低功耗广域网络的移动性管理、连接安全等提供了很好的保证，对于加快 NB-IoT 漫游在全球的普及，持续扩展 NB-IoT 产业规模，从而大规模提升产业经济效益意义重大。

NB-IoT 全球产业生态体系将进一步完善。一是 NB-IoT 漫游测试将助推 NB-IoT 网络欧洲业务的深度和广度扩展，对于在欧洲为用户提供 NB-IoT 国际覆盖和连续性的服务体验奠定基础。二是漫游测试技术的成功带动了一系列 NB-IoT 跨境新业务应用的出现，如跨境商品冷链监控及管理等。三是 NB-IoT 漫游测试对进一步完善 NB-IoT 产业链各环节作用明显，包括授权条件下低功耗广域网络技术标准化（NB-IoT、LTE-M 等）、全球移动运营商、设备制造商，以及芯片组、模块和基础设施等领域方面的技术标准化等。

据相关统计显示，目前全球推动 NB-IoT 的典型运营商多达 29 家，商用网络达 51 个。预计到 2025 年，蜂窝物联网连接数量将达到 31 亿个，包括 18 亿个授权的 LPWA 连接。GSMA 一直致力于 NB-IoT 技术普及和商业化模式推广。此次测试通过突破国际漫游关键技术，助力 NB-IoT 产业链上下游企业，包括芯片及器件研发企业、设备制造商、电信运营商及垂直行业应用企业等加快创新步伐，完善 NB-IoT 全球产业生态体系。

第三节　车联网生态体系发展迎来新契机

LTE-V2X 车联网设备认证于 2018 年第三季度启动。

2018 年 6 月 7 日，全球认证论坛（GCF）宣布于第三季度开展基于 LTE 的车对万物（V2X）和车对车（V2V）通信技术的设备测试认证，积极推进车联网的规模化、商用化进程。公告中明确特定技术标准为 3GPP "LTE sidelink"，即符合 3GPP R14 版本定义的 LTE 标准，这对于不同设备商共存环境下的标准化推进工作非常关键，对于进一步完善联网汽车生态系统建设，培育车联网、自动驾驶汽车等为代表的一批 5G 网络应用有重要意义。

V2V 和 V2X 成为 GCF 认证的项目组成部分是新一代汽车行业发展的一个里程碑。当前支撑汽车智能化、网联化发展的新一代信息技术产业实力不断增强，与传统汽车行业技术结合日趋紧密，形成具有典型信息化特征的智能网联汽车。基于传统的电信技术为核心的 GCF 组织逐渐渗透至该领域，在移动通信技术标准化、信息设备指标体系等方面开展一系列标准化认证工作，进一步提升汽车行业的自动化、智能化操作水平，助推自动驾驶、车联网等一系列新兴服务和应用，为将来建设新型的 5G 生态系统奠定良好基础。

车联网、自动驾驶将成为物联网领域的重要突破点。当前，汽车相关产业的发展是物联网市场的重要组成部分，尤其是以智能化为典型特点的车联网和自动驾驶领域，正成为汽车和新一代信息相结合的创新应用，市场潜力巨大。根据摩根士丹利相关分析报告显示，自动驾驶汽车（AV）将成为 5G 的一个杀手级应用，AV 通信连接所需数据可以将目前全球无线通信量扩充 40 倍，按照 AV 为每个用户带来 25 美元／月的数据服务费来测算，每年仅为全球电信公司和部门带来的收入就高达 2000 亿美元，在未来万物互联的物联网领域占据重要地位。

LTE-V2X 车联网设备认证对进一步完善车联网标准化建设，推动全球一体化的"车+路+智能交通信息网络"体系构建具有重要作用，还能进一步推动车联网、自动驾驶等产业发展，助力打造完整丰富的 5G 与物联网生态系统。

第四节　国家互联网应急中心发布网络安全报告

2018 年 4 月 25 日，国家互联网应急中心在北京发布《2017 年我国互联网网络安全态势综述》。报告显示，2017 年国家信息安全漏洞共享平台（CNVD）收录的安全漏洞中关于联网智能设备的安全漏洞有 2440 个，同比增长 118.4%。国家互联网应急中心捕获新增勒索软件近 4 万个，呈现快速增长趋势。随着我国推进 IPv6、5G、工业互联网等多项前沿科技发展的政策密集出台，并在 2018 年开展商用试点工作，物联网安全问题日益凸显。

物联网安全问题是物联网产业发展的痛点。在物联网时代，越来越多的物理系统和设施连接到无线网络，互联互通的环境使得安全风险快速扩散和传播，一个环节存在安全隐患，并不只影响单个设备，还可能引发系统性的安全事件，甚至可能导致人员死亡。如果某些被恶意代码感染的设备接受并执行来自控制服务器的指令后，发动大规模 DDoS 攻击，将会对互联网基础设施造成严重的破坏。如医护人员担心网络攻击可能引发输液泵注射致命剂量的药物，致人死亡。随着万物互联时代的到来，物联网安全威胁处处可见，对社会经济破坏性极大，成为未来产业发展的痛点。

物联网所有参与方都应采取有针对性的安全防范措施。当前，物联网产业发展刚刚起步，相关法律法规还不完善，物联网各环节企业缺少动力将安全置于整个产业链中，导致物联网产业链中的安全环节相当薄弱，安全漏洞层出不穷，产业发展环境脆弱。加强物联网安全保护，是物联网生态体系中所有参与方的共同职责，都应有所作为。各相关参与方可针对具体特征，采取有针对性的防范措施：一是物联网设备生产商要引入安全开发流程提升终端安全性；二是平台运营商要更多关注数据隐私安全，设备端、移动端与平台连接是否安全等；三是消费者购买产品时要优先考虑有安全网关的产品，增强密码保护意识，及时升级设备固件等。

第五节　6G 概念研究在 2018 年启动

工业和信息化部 IMT-2020（5G）无线技术工作组组长粟欣在接受记者采访时表示，6G 概念研究在 2018 年启动。

无线电频谱资源已成为各国战略资源。无线电频谱是一种有限的且不可再生的自然资源，是各国宝贵的战略资源。目前，我国的频段划分属于行政划分，欧美国家的公众移动通信和广播电视频谱一般采用拍卖制。无线电频谱资源的高效利用和开发，能为国家创造巨大的经济社会效益。无线电频谱资源促进了交通运输、民生、科技等众多领域的信息化建设，提升了行业的生产效率和管理水平，带动了经济增长。在军事上，频谱管控已成为军队"无形的战斗力资源"。随着大数据、云计算、物联网、人工智能等新一代信息技术发展，无线电频谱对各国数字社会发展的支撑作用日益显现，频谱资源越来越受到各国政府的重视。

如何高效利用频谱资源激发社会创新，将是 6G 时代的核心议题。迈进太赫兹时代的 6G，其频段提高，信号的覆盖范围越来越小，所需基站越建越多，网络基础设施的投资成本不断加大。无线电频谱是数字化社会持续创新的重要载体，随着各行业数字化转型的需要，对无线频谱的需求也在快速增长。由于无线频谱是稀缺资源，如何高效利用频谱资源激发创新是 6G 时代的关键议题。传统的频谱授权方式存在着闲置、利用不充分等问题，资源浪费现象普遍存在。未来随着数字社会的到来，无线网络覆盖全社会，频谱资源对整个社会经济的支撑作用日益凸显，授权式的频谱资源可能阻碍数字社会的发展。6G时代的"区块链+动态频谱共享"技术因不再通过集中式的数据库来支持频谱共享接入，无需中央中介即可安全更新，可以降低动态频谱接入系统的管理费用，提高频谱效率，其有望成为改变未来使用无线频谱的方式，激发人们的创新热情。

第六节 第五届世界互联网大会成功举办

2018 年 11 月 7 日至 9 日，第五届世界互联网大会在拥有千年历史的乌镇成功举办。中国国家主席习近平高度重视世界互联网大会，专门发来贺信，对大会的召开表示热烈祝贺，并希望大家集思广益、增进共识，共同推动全球数字化发展，构建可持续发展的数字世界，让互联网发展成果更好地造福世界各国人民。

本届大会由联合国经济和社会事务部、国际电信联盟（ITU）、世界知识产权组织、世界经济论坛、全球移动通信系统协会组织（GSMA）协办，其影响力非常广泛。大会期间，来自76个国家和地区的政府代表、国际组织代表、中外互联网企业领军人物及业界专家学者等约1500名嘉宾齐聚乌镇，围绕"创造互信共治的数字世界——携手共建网络空间命运共同体"这一主题，共议网络空间发展的趋势，交流思想，分享观点，贡献智慧，凝聚共识。

本届大会发布了多项重要成果。其中，《中国互联网发展报告 2018》《世界互联网发展报告 2018》聚焦国内外互联网最新进展，为全球互联网发展提供新的思想借鉴和智力支撑；《乌镇展望 2018》则勾画了全球互联网未来发展的美好愿景；"互联网之光"展示了 430 余家国内外机构的新成果、新应用；世界互联网领先科技成果发布活动重点推介了15项新技术、新产品，形成了示范引领效应。

第七节　特朗普宣布取消"网络中立"的影响

2018 年 6 月 22 日，特朗普宣布取消奥巴马时期的"网络中立"原则，引发各国关注。

"网络中立"规则是近几年全球的热点议题之一，归根结底是由于当前互联网产业快速发展而产生的一系列流量、计费等问题。在数字化经济下，高清视频、直播、VR／AR、物联网等各种新型的基于移动互联网的内容、应用和服务激增，深度和广度不断扩展，拉动网络访问量激增，带来高流量占用问题。根据思科可视化网络指数预测，在全球数字化转型背景下，互联网用户从 2016 年的 33 亿人增长到 2018 年的 46 亿人，占全球人口总数的 58%，IP 总流量将在 2016—2021 年间增长三倍。美国作为互联网实体经济大国，表现更为突出。根据 2017 年统计数据，视频播放网站 YouTube 和 Netflix 两家互联网企业的相关服务几乎占据北美所有网络流量的 70%，给高峰时段的网络控制带来很大的压力，互联网流量控制逐渐成为各国共同面临的问题。

"网络中立"作为互联网监管的重要内容，一直是各国家探讨的重点。美国在废除"网络中立"规则之前，针对"网络中立"监管产生的诉讼案件不在少数，争论的要点包括 FCC 监管互联网的权限、"普通传输商"定义不明、宽带提供商归类等问题，很多问题一直都是悬而未决的。而欧盟针对《欧盟网络中立条例》中监督和执法方面的内容也相对笼统，只是从总体上规定了相关国家监管机构的基本内容，建议各国制定相应的法律责任条款。各成员国针对"网络中立"的实施均需要面对层层阻力，相应监督法律责任条款制定也需要结合本国电信和互联网产业发展实际需求来解决，构建完善的"网络中立"体系仍有很长的路要走。

"网络中立"相关问题产生的激烈矛盾在我国并不很突出。但是总结美国、欧盟在"网络中立"规则制定进程中的曲折经历，其反映的互联网产业高流量占用与三大运营商网络基础设施建设之间的竞争问题等，都需要引起我们足够的重视。当前我国已逐渐成为流量大国，根据 IDC 预测，2020 年中国互联网数据流量将达到 8806EB，占全球数据产量的 22%，由此引发的流量合理管理和监管问题将逐渐凸显，相关监管部门要做好前瞻性研究和预判，避免问题累积爆发。

第八章

无线电管理热点

第一节　2018 年全国无线电管理工作要点发布

工业和信息化部无线电管理局发布的《2018 年全国无线电管理工作要点》（以下简称《要点》），以习近平新时代中国特色社会主义思想为指引，深入贯彻落实党的第十九次全国代表大会精神，提出落实制造强国、网络强国战略，坚持频谱资源开发利用效率与效益并重，坚持台（站）管理与服务并重，坚持电波秩序维护预防与惩治并重，坚持无线电安全保障机制与管控手段并重，全面深入贯彻新修订的《无线电管理条例》。全文共 8 个部分、18 个要点。

大力推进无线电管理法治建设、全面提升无线电管理执法能力是 2018 年无线电管理工作的首要任务。《要点》提出，2018 年要重点开展提升全国无线电管理机构执法能力专项行动，进一步推进《条例》配套规章制度的修订和完善，促进无线电管理行政许可规范化、便捷化。新修订的《无线电管理条例》是无线电管理系统的立身之本和依法行政的主要依据和根本大法。十九大明确提出要推进国家治理体系和治理能力现代化，这是习近平新时代中国特色社会主义思想的重要内容，是完善和发展中国特色社会主义制度的需要，是全面深化改革的总目标之一。因此，切实推进无线电管理领域国家治理体系和治理能力现代化是深入贯彻落实党的第十九次全国代表大会精神的重要体现。

着力提升频率资源开发利用效率和效益、为建设"两个强国"提供频率资源保障是2018年无线电管理工作的重中之重。频谱管理一向是无线电管理的核心职能，管台（站）和管秩序都是围绕频谱管理这一核心职能的手段。重点无线电频率规划和频谱许可工作一向是受到业界高度关注的内容，也是无线电管理服务经济社会发展和国防建设的关键。《要点》提出制定广域物联网、车联网频率使用规划及相关管理规定，适时发布 eMTC 蜂窝物联网频率管理规定及射频技术指标。这对于推动我国物联网、工业互联网、车联网的技术研发和产业规模化发展都具有重要作用。适时发放 5G 系统频率使用许可对我国 5G 产业发展更是至关重要的，是确保我国 5G 技术和产业发展国际领先的关键保障措施之一。

《要点》还提出了创新和改进无线电台（站）和无线电设备管理、有效维护空中电波秩序和保障无线电安全、推进"十三五"规划落实、深化无线电管理国际协调与合作、强化统一领导和协同配合、加强宣传和培训工作等方面的关键要点，对于做好 2018 年无线电管理各项工作具有重要的指导意义。

第二节　及早谋划 5G 产业发展高频段频谱问题

欧洲运营商对电子通信委员会（ECC）关于 26GHz 频段 5G 服务限制提出质疑。

2018 年 6 月 7 日，德国电信、沃达丰、西班牙电信等全球知名电信运营商及爱立信、诺基亚、三星和华为等电信设备商共同对 ECC 发起质疑，发布致 ECC 公开信，对监管机构针对 26GHz 频段发展 5G 业务提出的严苛条件表示关注，对于由此带来的 5G 产业发展的影响表示担忧，希望能放宽相应的条件限制。

高频段是全球 5G 产业发展的重要因素。目前，美国和亚太等国家和地区都针对 5G 高频段频谱资源储备做出战略部署，以便充分调动各方资源，助推本地 5G 发展，提升全球的核心竞争力。上述公开信中指出，目前美国、韩国、日本、中国等国家和地区针对 26GHz 频段 5G 的部署都比较灵活和机动，环境氛围相对成熟；而欧洲针对 26GHz 频段 5G 的部署条件对运营商建设千兆流量级的密集网络造成极大困难，从而严重影响欧洲 5G 产业在全球的竞争能力，对全球 5G 产业生态体系建设也会形成很大阻碍。

在全球产业链发展推动下，5G 商用推广的速度持续加快，频谱配置及时性和合理性作用更加突出。针对 5G 产业高频段频谱资源，26GHz 和 28GHz 是目前全球的主流频段，目前的协调仍未达成共识，存在争议。5G 高频段资源储备也是我国 5G 产业发展不可或缺的一环，我国应进一步持续关注和跟进相关工作，提前做好以下研究和应对。

一是积极参与国际沟通合作，把握 5G 高频段频谱资源储备全球大趋势，针对前瞻性问题做好顶层设计和规划工作。二是提前做好调研，梳理 26 GHz、

28 GHz 频段目前的业务应用状况，对于相关部门及企业应提前做好沟通协调，针对重点及难点问题提前进行专项研究。三是充分调研 5G 产业链上下游企业，包括芯片与器件研发企业、设备制造商、电信运营商、互联网应用企业等，对于各自高频段使用的需求进行研究分析，制定详细的技术解决方案，助力我国 5G 产业发展，提升我国 5G 产业国际竞争力。

展望篇

第九章

无线电应用及产业发展趋势展望

第一节　无线电技术与应用创新活跃[①]

　　十八大以来，我国深入实施创新驱动发展战略，科技创新能力不断提升，战略高新技术不断突破。信息通信技术是新一轮科技革命中创新最活跃、交叉最密集、渗透性最强的技术，以无线、宽带、移动、泛在为特征的新一代网络建设和创新应用不断推动信息通信技术群体性突破，科技创新空前活跃。世界知识产权组织（WIPO）于 2018 年发布的报告显示，信息通信技术是国际专利申请中占比最高的技术领域。在全球专利申请中，中国信息通信技术行业专利申请数量最多，占总专利申请数量的 16.7%。中国的华为和中兴分别以 4024 项专利申请和 2965 项专利申请成为公司专利申请排行榜的前两名。当前，5G、物联网、自动驾驶、无人机、卫星互联网、人工智能等新兴无线相关技术应用成为全球最受关注的战略性新兴技术。

　　2019 年，随着美国、英国、韩国、中国、日本等国 5G 试商用的发展，各国信息基础设施又一次大规模升级，全球信息通信产业又一次面临技术跃迁和产业升级的重大机遇。物联网、车联网、无人机、机器人、虚拟现实、增强现实等无线电相关新兴技术将日益成熟，智能制造、智慧城市发展的一些瓶颈有望取得突破，产业化进程进一步加速。

---

　　① 赛迪智库无线电应用与管理形势分析课题组：《2019 年中国无线电应用与管理发展形势展望》，《中国计算机报》，2019 年。

新技术应用对频谱资源需求持续增加：一是我国 5G 商用对高中低三个频段频谱资源均提出了巨大的新需求。目前，我国 5G 高频和低频规划尚未落地，对 5G 的三大类应用场景尚未能形成有效全覆盖。26GHz 和 39GHz 频段是较有潜力的 5G 高频全球统一频段。二是我国高频段、大带宽的射频器件、测量仪器设备产业起步较晚，一直是我国 5G 产业发展面临的较大瓶颈。国内展开 5G 布局的相关企业并不多，在技术专利拥有、产业基础储备上存在明显差距，在设备、材料、流片和封装等方面发展相对薄弱，且存在国外禁运封锁风险。三是虽然为智能网联汽车规划了 5905-5925MHz 频段共 20MHz 带宽的专用频率资源，用于直连通信技术，但是对智能网联汽车实现目标探测、距离方位信息确认的核心器件——车载毫米波雷达并未规划专用频率。当前毫米波雷达使用的主要频段为 24GHz 和 77GHz 频段，由于研发技术不断推进，77GHz 频段的技术优势不断凸显，全球 77GHz 车载雷达行业将成为趋势。

第二节 5G 规划和商用进一步提速[①]

我国积极参与和推进 5G 频谱规划及标准化工作。工业和信息化部批复 4.8-5.0GHz、24.75-27.5GHz 和 37-42.5GHz 频段用于我国 5G 技术研发试验。工业和信息化部于 2017 年 11 月率先公布了 3000-5000MHz 频段内的 5G 中频段频率规划，对我国 5G 系统技术研发、试验和标准等制定及产业链成熟起到重要先导作用。目前，我国正有序开展 5G 高频段（毫米波）研究，并面向 2019 年召开的 WRC-19 大会，积极参与国际电信联盟（ITU）关于 24.75-27.5GHz、37-42.5GHz 频段 5G 系统与现有同频段和邻频段业务的兼容性研究，推动 26GHz 和 39GHz 成为全球统一 5G 频段。

5G 标准化工作第一阶段 R15，在我国的积极参与和推动下于 2018 年 6 月正式完成，并于 9 月冻结。目前，3GPP 正在讨论满足 ITU 全部要求的完整 5G 最终标准 R16 的内容，预计于 2019 年 12 月完成、2020 年 3 月实现 5G 全面商用。对此，我国在 2019 年将争取实现主导的非正交多址方案及多天线、车联网等我国传统技术优势方案在 5G 标准化工作第二阶段 R16 中的相关项目落地。

下一步的工作需要积极发力部署 5G 频率标准产业的各个方面。一是充分研究和推动高频段频率规划进度。在 5G 中频段资源规划出台的基础上，继续加快 5G 低频和毫米波频段频率规划部署的进度，早日形成我国 5G 频率"低

---

① 赛迪智库无线电应用与管理形势分析课题组：《提速 5G 频率规划和标准》，《通信产业报》，2019 年.

一中一高"频段全覆盖格局,为 5G 长远发展保障充足频率资源,引领 5G 产业发展。二是持续加强开放合作,全力参与 5G 国际标准制定,积极推动全球统一 5G 标准,抢占未来全球 5G 产业发展主导权和战略制高点。三是在多天线技术增强、车联网、语音业务增强等方面,我国应争取更多的牵头机会并与国外运营商和设备商积极沟通合作,共同推动 5G 技术标准的发展,提升产业协同发展和国际化发展。四是对我国高频器件产业开展基础储备,通过政策、资金倾斜鼓励高频段、大带宽的射频器件、测量仪器设备厂商开展专项技术突破,推动 5G 芯片核心技术、产品的协同研发,进一步提升我国 5G 芯片、产品在国际市场上的核心竞争力。

第三节　物联网继续保持高速增长态势[①]

物联网正在进入实质性发展阶段。物联网是传感技术、数据采集传输与处理技术、信息安全技术等多种关键技术交叉融合的结果。2017 年以来,全球物联网设备市场、应用项目进入爆发式增长态势。技术进步及规模效应使物联网传感器成本不断下降。全球传感器平均销售单价从 2010 年到 2018 年下降50%。成本的降低有力推动了物联网部署加速,全球物联网连接设备数在 2017年首次超过全球人口数量,达到 84 亿台,2018 年将差距进一步拉大。物联网应用技术向着智能化、便利化、低功耗和小型化的方向持续演进。MEMS 技术的成熟,使得物联网终端小型化、微型化成为可能。NB-IoT 等低功耗广域物联网(LPWAN)的规模化部署推动智能抄表、环境监测等领域的物联网市场不断扩大。智慧城市、工业物联网、车联网、智能家居成为四大主流应用领域。我国物联网市场规模突破 1 万亿元大关,年复合增长率超过 20%。BAT 等互联网巨头和三大运营商纷纷加大物联网领域投入力度,物联网云平台成为巨头竞争的核心领域。

2019 年,我国物联网生态体系进一步完善,市场规模继续快速扩张。随着物联网规模化部署的开展,主流传感器成本有望进一步下降,公共服务体系进一步完善。运营商将加强物联网战略部署,强化与智能家居、车联网、智慧城市等细分领域厂商合作,扩大试点应用,推进规模化商用进程。在物联网平台方面,互联网巨头的平台优势将更为突出,平台体系建设日益成熟。同时,人

[①] 赛迪智库无线电应用与管理形势分析课题组:《2019 年中国无线电应用与管理发展形势展望》,《中国计算机报》,2019 年。

工智能（AI）、区块链、边缘计算等新兴技术将加快与物联网融合，推动物联网向智联网方向发展。

第四节　低功耗广域网产业日趋成熟[①]

NB-IoT 产业链和价值链将进一步完善：一是网络覆盖将进一步完善。数据显示，2017 年我国 NB-IoT 基站规模为 40 余万个，而 2018 年这一数字为 120 万个，2019 年我国 NB-IoT 基站数量将突破 150 万个，这意味着此前工业和信息化部《关于全面推进移动物联网（NB-IoT）建设发展的通知》中"2020 年建设基站 150 万个"的目标将提前完成。二是终端芯片环节将进一步成熟。NB-IoT 规模部署对于用户侧的一个关键在于终端芯片，决定了终端是否可用和是否为低成本。目前，主要芯片厂商纷纷投入 NB 芯片研发，2017 年 NB 芯片集中发布上市，竞争激烈，同时也印证了产业链对低功耗物联网市场前景的高度认同。三是 NB-IoT 模组成本将下降到合理区间。目前 NB-IoT 模组价格一般在 40~50 元的水平。2019 年随着运营商补贴力度的进一步加大，以及出货量的大幅提升，NB-IoT 模组价格有望下降到 30 元以内，与 2G 模组的价格达到同一水平。同时，模组价格的下降会进一步刺激下游垂直应用市场的需求并带动出货量，使产业链更加成熟。四是 NB-IoT 的价值将实现从网络连接到应用的外溢。在政府政策的引导下、在运营商大力度建网的助力下、在垂直行业和领域的支持下，我国 NB-IoT 网络规模位居全球第一，并且产业链芯片、模组和终端等关键环节集聚了一批有实力和国际竞争力的厂家。目前，三大运营商都已经将 NB-IoT 作为本公司的重点战略之一大力发展。2019 年在网络覆盖和产业链配套进一步完善的基础上，NB-IoT 的价值将进一步向平台和垂直行业应用方向迁移，实现其网络连接之外的巨大潜在价值。

[①] 赛迪智库低功耗广域网形势分析课题组：《2019 年中国低功耗广域网发展形势展望》，《中国计算机报》，2019 年。

第十章
无线电管理发展展望及
相关建议

第一节 无线电管理法律法规继续丰富[①]

2018 年，我国无线电管理法律法规体系取得了新进展。工业和信息化部陆续出台系列政策法规：《无线电频率使用率要求及核查管理暂行规定》自 2018 年 1 月 1 日起施行；新修订版的《中华人民共和国无线电频率划分规定》自 2018 年 7 月 1 日起施行；《无线电干扰投诉和查处工作实施细则》自 2018 年 10 月 8 日起施行；《车联网（智能网联汽车）直连通信使用 5905-5925MHz 频段管理规定（暂行）》自 2018 年 12 月 1 日起施行。此外，还发布了《关于对地静止轨道卫星固定业务 Ka 频段设置使用动中通地球站相关事宜的通知》《遥感和空间科学卫星无线电频率和轨道资源使用规划（2019—2025 年）》《微功率短距离无线电发射设备技术要求（征求意见稿）》等。这些政策法规的出台使无线电管理法律法规建设取得重大进展。

2019 年工业和信息化部进一步加强无线电管理法制建设和依法行政能力。首先，依照 WRC-15 对部分《无线电规则》中有关国际无线电频率划分规定的修改，为 5G 频率、卫星频率、轨道资源储备频率调整业务使用范围等，持续宣贯落实《划分规定》。其次，继续推进与《划分规定》配套的频率规划、频率台（站）许可、国际协调等规章、规范性文件的制修订。同时，深入推进与《中华

---

① 赛迪智库无线电应用与管理形势分析课题组：《2019 年中国无线电应用与管理发展形势展望》，《中国计算机报》，2019 年。

人民共和国无线电管理条例》配套的依法行政，规范行政许可、行政处罚、行政强制等行为。

第二节　深入推进《划分规定》宣贯实施修订工作[①]

2018 年版《划分规定》综合了《无线电规则（2016 年版）》有关全球划分、第三区划分的修订情况、WRC-15 议题的有关结论、国内无线电业务发展规划和现状、国内全部用频单位协调意见和建议，进行了全面的修订，力求指导用频单位合理、有效、节约地使用无线电频谱资源。目前，国际 5G 频率划分几乎完成并临近网络部署阶段，需要分配额外的频率资源并与空间业务频率完成划分协调；全球下一代卫星互联网发展迅速，空间业务频率资源紧缺，急需进行与其他业务的协调、优化使用频段等问题需要从顶层划分进行解决。依据《划分规定》出台的一系列文件都是《划分规定》对无线电管理实际工作做出的具体要求的体现，例如，《车联网（智能网联汽车）直连通信使用 5905-5925MHz 频段管理规定（暂行）》对于促进我国智能网联汽车产品研发、标准制定及产业链成熟将起到重要先导作用；《关于对地静止轨道卫星固定业务 Ka 频段设置使用动中通地球站相关事宜的通知》对适应卫星通信业务的发展，推动 Ka 频段高通量卫星的广泛应用具有较强的指导意义；《遥感和空间科学卫星无线电频率和轨道资源使用规划（2019—2025 年）》拟对未来遥感和空间科学卫星的发展需要，合理规划卫星无线电频率和轨道资源。2019 年的 WRC-19 大会之后，还将有针对性地对《划分规定》进行修订。因此，《划分规定》的修订和落实过程将是一个长期的、动态的工作，未来相关领域还将有许多新的落实文件出台。

《划分规定》是我国规划、分配、指配无线电频谱资源的基础。国家本着实事求是、适度超前的原则对其进行了修订，既考虑了国际、国内无线电技术和应用的发展，也研究了国内各相关部门、行业对无线电频谱资源的中长期需求，符合我国频率资源使用现状，并对无线电技术和业务的未来发展提供保障，能够与我国的 5G、空间业务等频率和卫星轨道资源战略规划相辅相成。因此，需要各用频行业和部门持续推进《划分规定》的贯彻落实工作。国家管理机构也应紧随 ITU《无线电规则》对《划分规定》进行不断的及时修订。这样既符合国际惯例，还能实现协调平衡国内外各方的无线电频率资源使用、无线电业务发展利益等目的，既维护了在我国在国际上的无线电频率资源使用权

[①] 赛迪智库无线电应用与管理形势分析课题组：《2019 年中国无线电应用与管理发展形势展望》，《中国计算机报》，2019 年。

益，也规范了国内无线电设备的管理。

第三节　进一步加强民用无人机无线电管理工作

虽然早在 2015 年，工业和信息化部就发布了《工业和信息化部关于无人驾驶航空器系统频率使用事宜的通知》，规划了 840.5-845MHz、1430-1444MHz 和 2408-2440MHz 频段用于无人驾驶航空器系统，但实际上我国早期及目前的民用无人机在 328~352MHz、400~449MHz、560~760MHz、900~933MHz、1340~1400MHz、1670~1730MHz、2.4GHz、5.8GHz 等频段均有使用，用频混乱。因此，该项规定实施的事后监管也并未强制落实。由于无人机管控工作缺少顶层和更加细化的法律法规、标准规范的有力支撑，无人机这一新兴产业的有序发展也面临很大的困难。无人机违规用频导致了一系列通信干扰、危害公共安全的事件发生。例如，2018 年 2 月，中部战区联合河北警方共同处置了一起测绘公司无人机进行违法飞行测绘干扰军机正常训练、迫使多架民航改线的事件；5 月 1 日，西安 1374 架无人机组成编队进行吉尼斯世界纪录认证，但由于部分无人机的定位系统在起飞后受到定向无线电干扰，无人机编队表演未能圆满呈现预期效果；5 月 9 日，某 1 岁男童在北京通州一公园内玩耍期间，被一架突然坠落的无人机砸伤脸部，而肇事者是一名 14 岁的外籍男孩。因此，对民用无人机的无线电管理亟需进一步加强。

建议：一是有针对性地进行民用无人机的无线电频率占用度监测统计，并对无人机无线电频率使用情况的统计逐步规范化、常态化，目的是掌握已分配频率的实际使用情况，为实时监测无人机使用、事后分析频率规划的有效性、实现频谱资源的高效利用提供基础。二是加强技术研究和设施建设，为有效开展无人机无线电监控工作，结合现有无线电监测网基础，增加无人机频率监测能力。三是加快法规标准体系建设，研究发展我国民用无人机的管理措施及相应的政策、法规、标准等规章制度，规范民用无人机系统相关通信设备的生产和使用，规范频率合理使用，整顿用频秩序等。四是规范民用无人机反制设备的使用，提升民航、公安等相关部门无人机监控平台的联网能力，积极做到对无人机目标的精准识别，引导各部门联动和协调反制设备工作，在最大限度地减小对周围电磁环境造成干扰等影响的基础上，对违规无人机进行精准压制，进而有效维护空中电波秩序。

后 记

　　《2018—2019 年中国无线电应用与管理领域发展蓝皮书》由赛迪研究院无线电管理研究所编著完成。本书介绍了无线电应用与管理的概况,力求为各级无线电应用和管理部门、相关行业企业提供参考。

　　本书由刘文强担任主编,潘文、彭健担任副主编。本书分为综合篇、专题篇、政策篇、热点篇、展望篇五个部分,各篇编写人员如下:综合篇:彭健;专题篇:孙美玉;政策篇:滕学强;热点篇:滕学强;展望篇:周钰哲。本书由工业和信息化部通信科技委专职常委、频率规划专家咨询组组长阚润田审稿。在本书的研究和编写过程中,得到了工业和信息化部无线电管理局、地方无线电管理机构及行业专家的大力支持,为本书提供了大量的材料,提出了诸多宝贵建议和修改意见,在此,编写组向你们致以诚挚的感谢!

　　本书的编写工作历时数月,虽经相关人员的不懈努力,但由于能力和时间所限,不免存在疏漏和不足之处,敬请广大读者和专家批评指正。希望本书的出版能够记录我国无线电应用与管理领域在 2018 年至 2019 年的发展,为促进无线电相关产业的健康发展贡献绵薄之力。

反侵权盗版声明

　　电子工业出版社依法对本作品享有专有出版权。任何未经权利人书面许可，复制、销售或通过信息网络传播本作品的行为；歪曲、篡改、剽窃本作品的行为，均违反《中华人民共和国著作权法》，其行为人应承担相应的民事责任和行政责任，构成犯罪的，将被依法追究刑事责任。

　　为了维护市场秩序，保护权利人的合法权益，我社将依法查处和打击侵权盗版的单位和个人。欢迎社会各界人士积极举报侵权盗版行为，本社将奖励举报有功人员，并保证举报人的信息不被泄露。

举报电话：（010）88254396；（010）88258888

传　　真：（010）88254397

E-mail：　dbqq@phei.com.cn

通信地址：北京市万寿路 173 信箱

　　　　　电子工业出版社总编办公室

邮　　编：100036

赛迪智库

面向政府 服务决策

思想，还是思想
才使我们与众不同

《赛迪专报》	《安全产业研究》	《产业政策研究》
《赛迪前瞻》	《工业经济研究》	《军民结合研究》
《赛迪智库·案例》	《财经研究》	《工业和信息化研究》
《赛迪智库·数据》	《信息化与软件产业研究》	《科技与标准研究》
《赛迪智库·软科学》	《电子信息研究》	《无线电管理研究》
《赛迪译丛》	《网络安全研究》	《节能与环保研究》
《工业新词话》	《材料工业研究》	《世界工业研究》
《政策法规研究》	《消费品工业"三品"战略专刊》	《中小企业研究》
		《集成电路研究》

通信地址：北京市海淀区万寿路27号院8号楼12层
邮政编码：100846
联系人：王 乐
联系电话：010-68200552 13701083941
传 真：010-68209616
网 址：www.ccidwise.com
电子邮件：wangle@ccidgroup.com

赛迪智库
面向政府　服务决策

研究，还是研究
才使我们见微知著

规划研究所	知识产权研究所	安全产业研究所
工业经济研究所	世界工业研究所	网络安全研究所
电子信息研究所	无线电管理研究所	中小企业研究所
集成电路研究所	信息化与软件产业研究所	节能与环保研究所
产业政策研究所	军民融合研究所	材料工业研究所
科技与标准研究所	政策法规研究所	消费品工业研究所

通信地址：北京市海淀区万寿路27号院8号楼12层
邮政编码：100846
联系人：王　乐
联系电话：010-68200552　13701083941
传　　真：010-68209616
网　　址：www.ccidwise.com
电子邮件：wangle@ccidgroup.com